計量分析
One Point

Quantitative
Applications
in the
Social
Sciences

イベント・ヒストリー 分析

Event History and Survival Analysis

Second Edition

Paul D. Allison 著

福田 亘孝 訳

共立出版

Event History and Survival Analysis
2nd Edition

by Paul D. Allison

SAGE Publications, Inc.

SAGE Publications, Inc. はロンドン，サウザンドオークス，ニューデリーの原著出版社であり，本書は SAGE Publications, Inc. との契約に基づき日本語版を出版するものである。

Japanese language edition published
by KYORITSU SHUPPAN CO., LTD.

Linda

「計量分析 One Point」シリーズの刊行にあたって

　本シリーズは，"little green books" の愛称で知られる，SAGE社の Quantitative Applications in the Social Sciences（社会科学における計量分析手法とその応用）シリーズから，厳選された書籍の訳書で構成されている。同シリーズは，すでに40年を超える歴史を有し，世界中の学生，教員，研究者，企業の実務家に，社会現象をデータで読み解くうえでの先端的な分析手法の学習の非常によいテキストとして愛されてきた。

　QASS シリーズの特長は，一冊でひとつの手法のみに絞り，各々の分析手法について非常に要領よくわかりやすい解説がなされるところにある。実践的な活用事例を参照しつつ，分析手法の目的，それを適用する上でおさえねばならない理論的背景，分析手順，解釈の留意点，発展的活用等の解説がなされており，まさに実践のための手引書と呼ぶにふさわしいシリーズといえよう。

　社会科学に限らず，医療看護系やマーケティングなど多くの実務の領域でも，現在のデータサイエンスの潮流のもと，社会科学系の観察データのための分析手法やビッグデータを背景にした欠測値処理や因果分析，実験計画的なモデル分析等々，実践的な分析手法への需要と関心は高まる一方である。しかし，日本においては，実践向けかつ理解の容易な先端的手法の解説書の提供は，残念ながらいまだ十分とはいえない状況にある。そうしたなかで，本シリーズの

刊行はまさに重要な空隙を埋めるものとなることが期待できる。

　本シリーズは，大学や大学院の講義での教科書としても，研究者・学者にとってのハンドブックとしても，実務家にとっての学び直しの教材としても，有用なものとなるだろう。何はともあれ，自身の関心のある手法を扱っているものを，まずは手に取ってもらいたい。ページをめくるごとに，新たな知識を得たり，抱いていた疑問が氷解したり，実践的な手順を覚えたりと，レベルアップを実感することになるのではないだろうか。

　本シリーズの企画を進めるに際し，扱う分析手法は，先端的でまさに現在需要のあるもの，伝統的だが重要性が色褪せないもの，応用範囲が広いもの，和書に類書が少ないもの，など，いくつかの規準をもとに検討して，厳選した。また翻訳にあたられる方としては，当該の手法に精通されている先生方へとお願いをした。その結果，難解と見られがちな分析手法の最良の入門書として，本シリーズを準備することができた。訳者の先生方へと感謝申し上げたい。そして，読者の皆様が，新たな分析手法を理解し，研究や実践で使っていただくことを願っている。

三輪　哲

渡辺美智子

原著シリーズ編者による内容紹介

　社会科学者にとって関心のある対象の多くは事象が発生するタイミングと関係している。例えば，平均寿命，失業してから再就職までの時間，離婚するまでの婚姻生活の期間，再犯が起きるまでの時間などである。事象が発生するまでの時間を情報として持っているほとんどすべてのデータは「打ち切り」という重要な特徴を持っている。例えば，再犯の研究では刑務所から出所した元服役囚に対する1年間の追跡が行われる。しかし，元服役囚のうちの何人かは1年間の追跡期間終了までには再犯で逮捕されないが，1年以上過ぎてから再犯で逮捕される可能性がある。

　事象が発生するタイミングを研究する方法は様々な分野で発展してきた。社会学ではイベントヒストリー分析，工学では故障時間分析，そして，生物統計学では生存時間分析として広く研究されている。これらの呼び名は，それぞれの分野で中心となる研究対象の性質を色濃く反映しているが，本質的には同じ手法を意味しており，事象のタイミングを分析する点において共通している。

　どのような言葉で表現されていても生存時間分析が社会科学で頻繁に使用される分析方法であることは間違いない。本書はPaul Allisonによる生存時間分析についての第2版であり，タイトルも新しくなっている。この本は，独立変数で事象が発生するタイミングを説明する回帰モデルの分析を中心にしているが，生存時間分析

の全体を幅広く扱った入門書でもある。生存時間の回帰モデルで最も有名なのはコックスの比例ハザードモデルであり，データから因果推論を行う社会科学の研究ではよく用いられ，事象の発生までの時間を予測するクレジットカードの不払いの分析などでも使われる。

　著者の Paul Allison は生存時間分析の様々な方法を本書で扱っており，その中にはかなり難しい手法も含まれているが，彼の説明は明快でわかりやすいものになっている。本書の良いところを挙げるとすると，第一にこれまであまり説明されていなかった離散時間のデータに対する分析方法を取り上げている点である。第二に，単一の事象（死亡が典型的な例である）だけでなく，（死別と離別のような競合する事象を含む）複数事象や（失業のような）繰り返しのある事象の分析も解説している点である。

　当然のことながら，本書の初版は多くの読者を獲得した。同じように，今回の大幅に増補改訂された第 2 版も若い世代の社会科学者が生存時間分析の手法を習得し自分の研究に応用するのに役立つことは間違いない。

John Fox

（Quantitative Applications in the Social Sciences シリーズ編者）

原著まえがき

　本書の初版[1]と第2版の間には30年間もの長い月日があった。初版（1984年発行）はかなり時代遅れになっており，特にコンピュータのソフトとプログラムについては古くさくなっている。しかし，本書の基本的な構成と内容は，多く点において，今なお驚くほど有益である。私は，ロジスティック回帰で簡単に実行できる離散時間の分析から始めて，次にパラメトリックな連続時間の分析法に進み，その後，セミパラメトリックなコックス (Cox) 回帰を説明するという，やや特色ある構成をこの第2版でも採用している。

　第2版での最もはっきりした変更点はタイトルである。本書の初版のタイトルは *Event History Analysis: Regression for Longitudinal Event Data*（イベント・ヒストリー分析：イベント・ヒストリー分析と生存時間分析による縦断的イベント・データの回帰モデル）であった。「イベント・ヒストリー分析」という用語は，あらゆる種類のイベント・データに広く応用可能な手法を示唆するには良い表現である。しかし，生物統計学に起源を持ち死亡についてのモデリングが中心であったため，今日，これらの分析手法は生存時間分析としてよく知られている。

---

[1]訳注：本書は Paul D. Allison による *Event History and Survival Analysis: Second Edition* (Sage, 2014) の全訳である。本文中に説明されている通り，原著のタイトルは初版から改題されている。

　初版のデータセットが過去30年間でなくなってしまったのが主な理由であるが，ほとんどのデータを第2版では新しくしている。新しいデータはすべて，StataとSASの両方で使える形式でhttps://www.statisticalhorizons.com/resources/booksからダウンロードできる[2]。

　章ごとの主な変更点と追加点をまとめると以下のとおりである。

・第2章（離散時間法）では，打ち切りについてより詳しく記述し，無情報性を検討する感度分析の手法の例を含めた。

・第3章（連続時間データのパラメトリック法）では，加速時間モデルに関してよりページを割いている。この章では結果の解釈とモデルの適合性を評価する方法についても重点的に説明している。

・第4章（コックス回帰）では，プログラミング・ステートメント法とエピソード分割法の両方を使って時間依存共変量の分析について詳しく説明している。また，比例ハザード性の仮定を検討する方法と同順位のデータを処理する方法をより詳しく解説している。さらに，コックス回帰を用いた予測値の算出について簡単に述べた節を加えた。

・第5章（複数の事象）では，さまざまな事象の偏回帰係数の違いを検定する例を追加した。また，累積発生率関数についての新しい節を加筆したが，これは，競合リスクを分析する代替的な手法で，近年，分析例が増えてきている方法である。

・第6章（繰り返しのある事象）では，1984年の初版では扱っていない新しい分析手法を説明しており，カウントデータによる負の二項モデル，頑健推定による標準誤差，共用フレイルティ（ランダム効果）モデルなどを扱っている。さらに，時間のギャップ

---

[2]訳注：*Event History and Survival Analysis* の項目を参照。

を用いた手法と事象の発生時間を用いる手法を区別して説明している。

　付録および訳者による補遺を除いて，本書に掲載されているすべての分析例を実行するためのコンピュータ・プログラム（SAS と Stata の両方が使用可能）はオンラインで利用可能になっており，https://www.statisticalhorizons.com/resources/books および http://www.sagepub.com/allisonevent からダウンロードできる。私はこれらのプログラムをできるだけアップデートし続けるつもりである[3]。

---

[3]訳注：訳者補遺として R による解説を巻末に掲載している。また，プログラムは https://www.kyoritsu-pub.co.jp/bookdetail/9784320114111 からダウンロードできる。

目　次

第1章

はじめに

　社会科学のほとんどすべての分野において，ある事象がどのように発生し，なぜ，そうした事象が起きるのかは強い関心の的である。犯罪学者は犯罪，逮捕，有罪，懲役といった事象を研究している。医療社会学者は病院への入院や通院，精神疾患の発症に興味を持っている。就業歴の研究では転職，昇進，解雇，退職が主要な研究対象になっている。政治学者は暴動や革命，あるいは，平和的な政権の移行に関心を持っている。人口学者は出生，死亡，婚姻，離婚，移動に焦点を当てて研究を行っている。

　こうした研究では，ある時点で特質に変化が生じ，それによって引き起こされる事象が研究対象になっている。ここで言う「事象（イベント，あるいは，出来事）」は通常使われるような量的な値の連続的な変化を意味していない。「事象」とは発生の前と後で相対的に観測されるはっきりとした不連続な変化を意味している。

　「事象」が時間的な変化として定義されるのであれば，そうした事象の発生パターンや発生の原因を研究するのに最適な方法は「イベント・ヒストリー」を持ったデータを用いることである。最も簡単に言えば，「**イベント・ヒストリー** (event history)」とは研究対象である「個体や集団で，ある事象が生じた時間的な記録」を意味している。たとえば，社会調査では回答者に婚姻歴があるならば，いつ結婚したかを尋ねるかもしれない。研究の目的が事象の発生の

原因の解明であるならば,「イベント・ヒストリー」を持つデータは仮説として想定される独立変数（共変量）を含んでいなければならない。これらの独立変数には人種のように時間的に変化しない変数と所得といった時間的に変化する変数の二つがある。

　イベント・ヒストリーは事象の発生原因を研究するのに最適なデータであるが,一般的に二つの特徴を持っており,線形回帰のような標準的な統計手法で分析するには問題がある。すなわち,その二つの特徴とは「打ち切り」と「時間依存共変量」である。実際,こうしたデータに標準的な統計手法を用いると強いバイアスや情報の損失が起きてしまう。しかし,過去 40 年にわたり,いくつもの新しい分析手法が発達し,「イベント・ヒストリー」を持つデータに存在するこれら二つの特異な性質を上手に処理して分析することが可能になった。イベント・ヒストリー分析とは,実のところ,一つの分析手法ではなく,競合したり補完しあったりする一連の分析手法の集まりである。

　本書では社会科学における典型的なデータと仮説を検討するのに最適なイベント・ヒストリー分析の一連の手法を説明する。特に,一つ以上の独立変数によって事象の発生を説明する線形モデルを中心に解説する。もちろん,本書はイベント・ヒストリー分析の基礎となる統計的分析に重点を置いているが,データの管理や手間,コンピュータで使用する分析ソフトの利用といった実践的な内容も扱う予定である。イベント・ヒストリー分析を説明する前に,最初に,標準的な統計手法を用いた場合に生じる問題について検討してみよう。

1.1　イベント・ヒストリー分析の難しさ

　まず,イベント・ヒストリーを持ったデータに標準的な分析手

法を用いた場合の問題点を，具体的な例で見てみるのがよいだろ
う。Rossi et al.(1980) による再犯の研究では 432 名の服役囚がメ
リーランド州の刑務所から出所した後，1 年間追跡して調査をして
いる。この研究の関心は出所した服役囚の再犯という事象であり，
再犯の可能性がどのような独立変数に規定されるかを明らかにする
ことであった。

　再犯で逮捕された日時はわかっており，Rossi たちは出所後の
12 か月間に服役囚が逮捕されたかどうかを示すダミー変数 (1, 0)
を作成した。そして，このダミー変数を従属変数，服役囚の出所時
の年齢，人種，学歴，および就業歴などを独立変数として線形回帰
で分析した。この分析は探索的分析としてはまずまずの方法である
が，理想的な分析からはほど遠い。二値のダミー変数を従属変数に
したモデルに通常の最小二乗法を用いた場合に生じるよく知られた
問題 (Long, 1997) を別にしても，従属変数をダミー変数にするこ
とは恣意的であり，データから得られる情報を無駄にする。という
のは，出所後の 12 か月で元服役囚の追跡を中止するのは，分析者
が勝手に決めたことであり，特別な理由が何かあるわけではない。
同じデータを使用して，出所から 6 か月後までの元服役囚の再犯
数と 6 か月後から 12 か月後までの再犯数を比べても同じような問
題が生じる。つまり，こうした分析では，特定の時点で区切られた
前の期間と後の期間で事象が生じる可能性の違いについて考慮して
おらず，データが持っている情報が無駄になっている。たとえば，
出所直後に再犯で逮捕された服役囚は，11 か月後に逮捕された服
役囚よりも犯罪行為に対する嗜好性が強いと考えることもできる。

　こうした問題を避けるために，出所から再犯までの時間の長さを
従属変数にした線形回帰を用いたくなる。しかし，この方法は新し
い問題を引き起こす。第一に，出所後 1 年間に逮捕されなかった
人については，従属変数の値が不明であり，いわゆる「（途中）打

ち切り (censored)」が生じる。打ち切りになった対象の数が少ない場合は、それらの対象を単に分析から除外してもそれほど問題ではない。しかし、Rossi たちの研究のサンプルでは 74% の服役囚に打ち切りが生じており、これらの対象を除外するとバイアスが大きくなる可能性がある (Sørensen, 1977; Tuma & Hannan, 1978)。別の方法としては、打ち切られた対象の従属変数の値に観察期間の最大値——この場合は 1 年を割り当てることである。しかし、これは明らかに真の値を過小に推定し、同時に、かなりのバイアスが生じる可能性がある。

　観測値にたとえ打ち切りがない場合でも別の問題に直面することになる。というのは、対象の観察期間中に値が変化する独立変数をどのように分析モデルに含めればよいかわからない。

　たとえば、この研究では、1 年間にわたって毎月、対象者に面接を行い、収入、配偶状態、就業状態などの変化について調べている。エレガントではないが、回帰モデルに 1 か月ごと、合計 12 個の収入を独立変数として含めることは妥当に見えるかもしれない。しかし、この方法は 12 か月間逮捕されなかった服役囚には妥当であるが、出所後の最初の 1 か月間に逮捕された服役囚には不適切である。というのは、この服役囚の出所 2 か月目以後の収入の影響を分析できないからである。実際、再犯で逮捕された後の収入は、再犯の原因ではなく、むしろ、結果である。要するに、**時間依存共変量** (time-varying explanatory variables) を線形回帰モデルの独立変数にして、事象の発生までの時間を従属変数として予測する分析方法はうまくいかない。

　これらの二つの問題 ——打ち切りと時間依存共変量は、イベント・ヒストリーを持つデータでは極めて典型的に見られる。独立変数は一度しか測定されないので、多くの場合、打ち切りはより一般的に直面する問題である。しかし他方で、一定期間の間隔で多くの

変数を繰り返し観測する縦断的なデータはますます増えてきている。こういったデータでは，時間によって変化する変数がさまざまなタイプの事象の発生に及ぼす影響を正確に推定する必要がある。

1.2　イベント・ヒストリー分析の概観

イベント・ヒストリーを持つデータは決して社会科学に限られたものではなく，極めて洗練された多くの分析手法が他の分野で発展してきた。このため，類似の，あるいは，場合によっては同一の概念がまったく異なった用語で表現されることが多く，初心者を大いに混乱させる原因になっている。したがって，最初に，複数の分野にまたがるこの分析手法について歴史的に振り返りながら簡単に概観するのが有益である。

人口学では，最も早い時期から，イベント・ヒストリーを持つデータを「生命表」というよく知られた方法で記述的に扱っており，現在でも生命表は広く使用されている。本書では生命表については説明しない。というのは，生命表は標準的な人口学の教科書（たとえば，Preston et al.(2000)）で詳しく扱われているが，これらの本では独立変数を含む回帰モデルは説明されていない。とは言え，最も影響を与えた回帰モデルの一つである Cox(1972) の部分尤度法は，生命表の背景にある基本的な考え方に触発されて考案されたことは注目に値する。

生命表はすでに 18 世紀から使われているが，イベント・ヒストリー分析の近代的な方法が大きく発展したのは 1950 年代後半から 60 年代初頭である。生物医学では，この分析手法は生存時間のデータ分析として実質的な必要性があり，多くの文献でイベント・ヒストリー分析は生存時間分析と呼ばれている。たとえば，実験対象の動物に毒物あるいは苦痛緩和剤を与える実験が行われることがあ

る。この実験では実験対象の動物が異なった処置群でどのぐらい生存するかを観察する。したがって，研究対象となる事象は動物の死である。通常，すべての動物が死亡する前に実験が終了するので打ち切りが生じる。生物統計学者は，こうしたデータを最も効果的に分析する方法について極めて多くの研究を発表している（参考文献については Klein & Moeschberger(2010) を参照）。これらの方法は，癌患者の生存については標準的な分析手法である。

　一方，工学の分野では機械や電子部品の故障に関するデータを分析する時，同じような問題に直面する。彼らが開発した方法は「信頼性」析解または「故障時間（寿命）」の分析と呼ばれ，生物統計学者と非常に似た研究関心に基づいているが，研究目的は少々異なっている (Nelson, 2004)。

　これらの分野と比べると社会科学はやや後れを取っており，生物統計学や工学における分析手法の発展に数年間，気づいていなかった。しかし，マルコフ過程の理論を社会科学のデータに適用しようという強い研究意欲が 1960 年代後半から 70 年代初頭に現れた（Singer & Spilerman(1976) を参照）。社会科学研究における転換点は Tuma(1976) が独立変数を導入した連続時間マルコフ・モデルを用いたことであり，生物統計学や工学ですでに発展していた手法と社会学的研究を接合させる革新的な試みであった。さらに，経済学者もこの発展に重要な貢献をしている（たとえば Lancaster(1992)）。

　本章の残りの部分では，イベント・ヒストリーを持ったデータの分析について，さまざまな手法を分類する際に重要になるいくつかの点を説明する。これらの点は，生物統計学，工学，社会科学で発展してきた方法をうまく区別できるであろう。また，これらは本書を構成する各章の基礎にもなっている。

分布の記述と回帰モデル イベント・ヒストリー分析は当初，事象が発生するまでの時間の分布，あるいは，一つの事象から別の事象が発生するまでの時間間隔の分布を研究してきた。たとえば，生命表の記述の主眼はこれである。同様に，マルコフ過程を社会科学の現象に応用する場合に中心となる研究関心は，個人が一つの状態から別の状態に移行する時間の分布である。最近では，主な研究分野のすべてにおいて，事象の発生を独立変数の線形関数で表現する回帰モデルが分析の中心になっている。すでに述べたように，本書では回帰モデルを中心に扱う。

繰り返しのある事象とない事象 生物学者にとって最大の研究関心は死であり，生物統計学の研究が単一で繰り返しのない事象の分析方法を発展させたのは驚くべきことではない。一方，社会科学者は，転職や結婚といった個人の一生において何度も発生する可能性のある事象の分析に強い関心を持っている。したがって，本書が繰り返しのある事象に焦点を当てるのは当然である。同時に，繰り返しのある事象の分析モデルはより複雑であり，統計的に難しい多くの問題が生じる可能性がある。さらに，単一の事象の分析方法を十分に習得することは，より複雑なモデルを理解するのに必要不可欠である。したがって，本書では繰り返しのない，より簡単な事象の分析の説明に充分なスペースを割くことになる。

単一の事象と複数の事象 多くの場合，分析対象となるすべての事象を同一に扱う方が都合がいい。したがって，退職の研究では退職のタイプを区別しないで分析する場合がある。生命表ではすべての死因を区別せずに単一の死として扱う。しかし，場合によっては事象を区別して分析するのが望ましいケースもある。退職の研究では，自主的な退職と自主的でない退職を分けることが必要

かもしれない。癌治療の有効性を研究する場合は，癌による死亡と他の原因による死亡を区別することが明らかに重要である。さまざまな種類の事象の分析において，生物統計学者は「競合リスク」分析を，人口学者は多重減少生命表を発展させてきた。Tuma & Groeneveld(1979) はマルコフ・モデルを一般化し複数の事象の分析を可能にした。しかし，繰り返しになるが，複数の事象の分析は複雑であり，単一の事象の分析手法を十分に理解してから行うのが最善である。

パラメトリック法とノンパラメトリック法　生物統計学者は，事象の発生時間の分布にほとんど仮定をおかないノンパラメトリックな手法を好む傾向がある。他方，工学と社会科学の研究者は，事象の発生までの時間（または事象の発生間隔）に特定の分布族を仮定するパラメトリックなモデルを好む傾向がある。最もよく使われる分布としては，指数分布，ワイブル分布，ゴンペルツ分布が挙げられる。これら二つを結合した方法は Cox(1972) の比例ハザードモデルであり，セミパラメトリック法，あるいは，部分パラメトリック法と呼ばれる。この方法は線形関数に基づく回帰モデルである点ではパラメトリックな方法と見なせるが，事象の発生時間に特定の分布を仮定しない点ではノンパラメトリックな方法と言える。この意味において，コックスの比例ハザードモデルは誤差項の分布に特定の仮定をおかない線形モデルとほぼ考えてよい。

離散時間と連続時間　事象の発生時間が正確に測定されている場合は「連続時間」モデルと呼ばれる。実際には，時間は絶えず小さい離散的な尺度で測定されるが，時間の測定単位が極めて小さい場合，通常，時間を連続量として見なしてかまわない。一方，時間の測定単位が大きい場合——月，年，または 10 年ごとであれば離散

時間モデル（グループ化データ法とも呼ばれる）を使うのが適している。イベント・ヒストリー分析について書かれた文献では連続時間モデルが非常に多いが，特に生物統計学では離散時間モデルについての研究も発展している (Brown, 1975; Prentice & Gloeckler, 1978; Mantel & Hankey, 1978; Holford, 1980; Laird & Olivier, 1981)。離散時間モデルは，理解するのが容易であり，実際に分析を行うのも簡単であるので，イベント・ヒストリー分析の基本を理解する入門として有益である。

1.3　計算方法

ほとんどの主要な統計ソフトには，生存分析を行うためのコマンドやプログラムが何らかの形で実装されている。本書では，SAS（バージョン 9.3）と Stata（バージョン 12）の両方を使用して分析結果の出力を提示している。これらは筆者が日常的に使用する二つのソフトであり，どちらも生存分析を行うための優れた機能を備えている。分析で使用したプログラムは，`https://statisticalhorizons.com/resources/books` にて公開している。また，分析に使用したデータは，`https://statisticalhorizons.com/resources/data-sets` からダウンロードできる。

第2章

離散時間モデル

第2章では，繰り返しのない一つの事象を離散時間モデルで分析する方法を解説する。こうした事象は最も単純なケースであるが，複雑な事象のデータを分析する際に重要となる基本的概念の多くが含まれている。それと同時に，本章で説明する方法は極めて汎用性が高く，さまざまな分析に応用することができる。さらに，この方法は繰り返しのあるさまざまな事象の分析に拡張することも可能である (Allison, 1982)。

2.1　離散時間モデルの例

まず，具体的な例から見てみよう。分析するサンプルは，1950年代後半から60年代前半に博士号を取得した生化学者の男性301人であり，彼らは修士課程や博士課程がある米国の大学で助教として働いたことがある人たちである（サンプルの詳細については，Long et al.(1979) を参照のこと）。彼らは，助教として1年から最大10年間働いている。分析の関心は彼らの准教授への昇進である。准教授へ昇進すると，多くの場合，任期のない在職権を持つようになるが，すべての准教授が任期のない在職権を持っているかどうかはっきりとはわからない。一部の大学では任期付きの准教授として昇進する場合もある。

表 2.1 准教授への昇進時期の分布（生化学者 301 人）

勤続年数	昇進した人数	打ち切りの数	リスク集合の大きさ	推定されたハザード率
1	1	1	301	0.003
2	1	6	299	0.003
3	17	12	292	0.058
4	42	10	263	0.160
5	53	9	211	0.251
6	46	7	149	0.309
7	31	6	96	0.322
8	15	2	59	0.254
9	7	6	42	0.167
10	4	25	29	0.138
合計	217	84	1741	0.125

　准教授への昇進は 1 年ごとの離散的な時間で事象が記録されているので，昇進の正確な日時はわからない。表 2.1 は，助教として働き始めてから 10 年以内に准教授に昇進した生化学者の数を示している。全部で 217 人が准教授に昇進し，残りの 84 人は「打ち切り」になっている。打ち切りは 2 つの理由で発生している。25 人は 10 年経ってもまだ准教授に昇進していないために打ち切りが生じた。残りの 59 人は，10 年の間に大学を辞めたために打ち切りが生じた。表 2.1 を見ればわかるように，打ち切りは 10 年間の観測期間のさまざまな時点で起きている。

　分析の目的は，いくつかの独立変数を用いて 1 年ごとの昇進の条件付き確率を回帰モデルで推定することである。独立変数のうち 3 つは時間とともに値が変化しない非時間依存変数である。つまり，学部選抜度 (undgrad)[1] は対象者の出身学部がどのぐらい厳しい選

---

[1] 訳注：以降，括弧内に示される文字列はサンプルプログラムにおける変数名を表している。

抜を行っているかを示す尺度，博士号取得大学威信 (phdprest) は
対象者が博士号を取得した大学がどのくらい名門であるかを示す威
信の尺度，医学博士 (phdmed) は農学部ではなく医学部から博士号
を取得したかどうかを示すダミー変数である。他の3つの独立変
数は毎年，値が変化する可能性がある時間依存変数である。勤務先
大学威信 (jobpres) は対象者が働いている大学がどのくらい名門
であるかを示す威信の尺度，論文数 (arts) は発表した論文を合計
した数，引用数 (cits) は対象者がこれまでに発表した論文を他の
研究者が引用した数を1年ごとに集計した値である。

2.2　離散時間ハザード

　では，分析モデルの説明に進もう。イベント・ヒストリー分析で
中心となる概念は「**リスク集合** (risk set)」であり，これは各時点
で事象を経験する可能性のある個体の集まりである。生化学者の
サンプルの場合，助教になって最初の1年目は301人すべてが准
教授に昇進する可能性があるので，サンプル全体がその年のリスク
集合になる。実際，301人のうち1人は1年目に准教授になってお
り，この人は2年目以降のリスク集合に入っていない。また，別
のもう1人は1年目の終わりに大学を辞めたので，この人もリス
ク集合から外れることになる。この結果，2年目には准教授に昇進
する可能性がある人は299人に減少する。このように，毎年の終
わりに，その年に事象あるいは打ち切りを経験した人数だけリスク
集合の数は減少する。たとえば，表2.1では，リスク集合の人数が
1年目の301人から10年目には29人まで減少している。

　イベント・ヒストリー分析で二番目の重要な概念は「**ハザード
率** (hazard rate)」であり，多くの場合，単にハザード，あるいは，
比率と呼ばれる。離散時間モデルでは，ハザード率は，ある時点に

おいてリスク集合に入っている個体が，その時点で事象を経験する条件付き確率になる。この生化学者の例では，准教授にまだ昇進していない助教が，ある年に准教授に昇進する確率になる。ハザード率は観測値から計算される確率変数であり，事象の発生数と発生タイミングによって規定される。イベント・ヒストリー分析はこれらの特徴を持つ手法であり，ハザード率は分析の基礎となる従属変数である。

ハザード率は年によって変化するが，ある年のリスク集合に入っているすべての個体については同じであると仮定すると，ハザード率の推定値は簡単に計算できる。つまり，事象を経験する可能性のある個体数で発生した事象の数を割ると毎年のハザード率になる。たとえば，3 年目を見てみるとリスク集合に入っている 292 人の助教うち 17 人が准教授に昇進した。したがって，推定されたハザード率は 17/292＝0.058 である。他の年のハザード率の推定値は，表 2.1 の右端の列に示されている。准教授昇進のハザード率は，7 年目に 0.322 になるまで急速に増加し，その後は減少している。また，リスク集合の大きさは着実に減少するので，昇進した人数が減少してもハザード率が増加することに注意する必要がある。たとえば，昇進した人の数は 6 年目よりも 5 年目の方が多いにもかかわらず，推定されたハザード率は 5 年目よりも 6 年目の方が大きい。

2.3 ロジスティック回帰モデル

次にハザード率が独立変数によってどのように規定されるかを説明しよう。ハザード率を $P(t)$ で表記し，事象をまだ経験していない個体が時点 t で事象を経験する条件付き確率とする。簡便化のために，独立変数が 2 つしかない場合を考えよう。x_1 は時間が経過しても変化しない非時間依存変数であり，$x_2(t)$ は時間によって

値が変化する時間依存変数と仮定する。たとえば，生化学者の例では，x_1 は対象者が博士号を取得した大学がどのぐらい名門であるかを示す変数であり，$x_2(t)$ は発表した論文の累積数である。

最初の近似式として，$P(t)$ を以下のような独立変数の線形関数として書くことができる。

$$P(t) = b_0 + b_1 x_1 + b_2 x_2(t) \tag{2.1}$$

ここで t は 1 から 10 までの値をとるものとする。この近似式では $P(t)$ は確率であり 0 から 1 の間の値しかとらないのに，式の右辺にはそのような制約が存在していないのが根本的な問題である。この線形モデルでは計算や解釈が難しく，また，ありえない予測値が導き出される可能性もある。この問題を回避するために，$P(t)$ をロジット変換し，次のようなロジスティック回帰モデルを得ることができる。

$$\log\left(\frac{P(t)}{1 - P(t)}\right) = b_0 + b_1 x_1 + b_2 x_2(t) \tag{2.2}$$

$P(t)$ は 0 から 1 までの値をとるので，式 (2.2) の左辺は負の無限大から正の無限大の値をとることになる。こうした性質を持つ変換はほかにもあるが，ロジット変換は最もよく知られており，計算する上で最も便利である (Long, 1997)。偏回帰係数 b_1 および b_2 は，それぞれ x_1 と x_2 が 1 単位の増加するごとに左辺のロジット（対数オッズ）がどのぐらい変化するかを示している。

式 (2.2) のモデルでは時間の経過によるハザード率の変化は，時間依存変数 x_2 の変化だけに依存するように定式化されているので，依然としてやや柔軟性に欠けている。というのは，ハザード率自体が時間とともに自律的に変化すると考える方が妥当な場合も多いからである。たとえば，准教授の昇進の例では，ほとんどの研究機関では，任期のない在職権を持つ地位に昇進する標準的な

「時期」があり，6年目あたりに多くの昇進が生じていて，これは表 2.1 でも確認できる。そして，7年目以降のハザード率の低下を考慮すると，時間と時間の二乗の両方を独立変数に含めた，非線形なモデルを考える必要がある。

$$\log\left(\frac{P(t)}{1-P(t)}\right) = b_0 + b_1 x_1 + b_2 x_2(t) + b_3 t + b_4 t^2 \qquad (2.3)$$

観測された時点の数が少ない場合，時間をダミー変数によって離散変数にし，様々な形の独立変数として用いると，時間の経過にともなってハザード率が多様に変化するいろいろなモデルを考えることができ，それはしばしば魅力的な分析につながる。

2.4 モデルの推定

次に必要なことはパラメータ b_0 から b_4 までを推定することである。検討するモデルはすべて同じように，最尤法，あるいはそれと密接に関連した方法でパラメータを推定するのが最もよい。最尤法の原理は，実際に観察された値が出現する確率を最大とするようにパラメータを推定する方法である。これを行うには，最初に観測されたデータの出現確率を未知のパラメータの関数として表現する必要がある。次に，この関数を最大化する計算を行う必要がある。これらの過程はいずれも数学的には理解するのがやや難しいが，モデルの推定法についての詳細を厳密に理解しておく必要はあまりない。興味のある読者は Allison(1982) を参照すると詳細を知ることができるであろう。幸いなことに，パラメータの推定法は比率を従属変数とする分析をした経験のある人ならよく知っている方法である。

実際には，推定の手順は次のようになる。個体がリスク集合に入っている期間をある時間の単位で分け，その1単位の時間ごとに事象の発生を観察し，一つひとつ記録する。たとえば，分析対象が

人と年を単位として時間が記録されている生化学者の場合，この観測記録は通常，「人年（パーソン・イヤー）」と呼ばれる。したがって，1 年目に昇進した生化学者は「1 人年」のデータになり，3 年目に昇進した人は「3 人年」のデータになる。打ち切りを経験した対象（大学を退職した人や，10 年後もまだ准教授に昇進していない人）は，昇進の可能性があった期間分の人年の値になる。301 人の生化学者の場合，合計で 1,741 人年になる。表 2.1 を見ると，この値は 10 年間にわたって昇進の可能性のあった人の人年を合計した値と同じになっている。

　個体は人年ごとに，その年に昇進した場合は従属変数を 1 とし，それ以外の場合は従属変数を 0 とする。独立変数は，個体がそれぞれの人年でとる値を割り当てる。ただし，時間依存変数についてはタイムラグを使うのが好ましい場合もある。そして最後に，1,741 人年を一つのサンプル[2]としてデータセットにし，最尤法を使って二値変数を従属変数にしたロジスティック回帰モデルを推定する。実質的に，すべての主要な統計ソフトにはロジスティック回帰を実行するためのコマンドやプログラムが実装されている。

2.5　生化学者の分析例の推定結果

　では，実際にこの方法を生化学者のデータに用いてパラメータを推定してみよう。表 2.2 のモデル 1 は，ハザード率自体が時間とともに変化しない場合（式 (2.2)）の推定値を示している（推定のプログラムは www.statisticalhorizons.com/resources/books にある）。偏回帰係数の推定値は，各独立変数の測定単位に依存して

---

[2]訳注：パーソン・ペリオド (person-period) データでは 個体数 × 観測期間がサンプルサイズになる。例えば，5 人を 10 年間にわたって欠落なしで観測できたとすると，$5 \times 10 = 50$ がサンプルサイズになる。

表 2.2　昇進する確率のロジスティック回帰モデル（1,741 人年）

独立変数	モデル 1			モデル 2		
	偏回帰係数	z 統計量	Exp(b)	偏回帰係数	z 統計量	Exp(b)
学部選抜度	0.180	2.97**	1.20	0.194	3.05**	1.21
医学博士	−0.265	−1.64	0.77	−0.236	−1.37	0.79
博士号取得大学	−0.003	−0.03	1.00	0.027	0.29	1.03
勤務先大学	−0.253	−2.40*	0.78	−0.253	−2.23*	0.78
論文数	0.127	7.67**	1.13	0.073	4.05**	1.08
被引用数	−0.001	−1.16	1.00	0.000	0.10	1.00
勤続年数				2.082	8.91**	8.02
勤続年数の二乗				−0.159	−7.81**	0.85
定数項	−2.963			−8.484		
対数尤度		−595.57			−506.01	

* 5% 水準で統計的に有意（両側検定）
** 1% 水準で統計的に有意（両側検定）

おり，非標準化回帰係数に似ている。最初に，それぞれの偏回帰係数が 0 であるという帰無仮説を検討するために z 統計量を見てみる。この値は測定単位に依存しておらず，独立変数の相対的な重要性を示している。

　3 つの独立変数は，准教授への昇進のハザード率に統計的に有意な効果（$p < 0.05$）を持っている。具体的には，より選抜度が高い大学の学部を卒業した生化学者と，より多くの論文を発表した生化学者は，昇進のハザード率が高い。他方，現在，より名門の大学で働いている生化学者はハザード率が低い。博士号を取得した大学の威信，論文の被引用数，医学部で博士号を取得したかどうかはほとんど影響がないようである。Exp(b) というラベルの付いた列は指数変換した偏回帰係数であり，これは通常，**オッズ比** (odds ratio) と呼ばれる。オッズ比から 1 を引いて 100 を掛けると，各独立変数が 1 単位増加した場合，昇進のオッズ比がどのくらい変化する

かがわかる。独立変数「学部選抜度」を見てみると，7 点尺度で測
定された値が 1 点増えると昇進するオッズ比が 20% 増加する。他
方，現在の勤務先大学の威信の尺度が 1 単位増えると昇進のオッ
ズ比が 22% 減少する。そして，論文の発表数が一つ増えると昇進
のオッズ比は 13% 増加する。

　表 2.2 のモデル 2（式 (2.3)）は勤続年数と勤続年数の二乗を独
立変数に含めることで，ハザード率自体が時間とともに変化する
場合の推定結果である。勤続年数 (year) と勤続年数の二乗のどち
らも統計的に有意になっている。他の変数の結果は，論文数を除
いてあまり変化していない。論文数 (arts) の z 統計量はモデル 2
で大幅に低下し，オッズ比も 1.13 から 1.08 に低下する（ただし，
なお，統計的に有意である）。つまり，時間の影響をコントロール
した場合，論文の発表数を 1 増やすと昇進のオッズ比は 8% 増加する。

2.6　尤度比のカイ二乗検定

　モデル 1 とモデル 2 を比べると，他の独立変数の影響を除いて
も，准教授へと昇進するハザード率が時間の経過によって変化しな
いという帰無仮説を検定することができる。この検定のやり方は，
重回帰分析において独立変数の追加が決定係数 R^2 に与える影響の
有意性を検定するのと非常に似ている。この検定は，あるモデルが
別のモデルの「入れ子」構造である場合には常に適用できる。たと
えば，あるモデルが別のモデルの独立変数をすべて含み，さらに，
他の独立変数も追加している場合に用いることができる。検定で使
用する統計量は，最尤推定で計算される**対数尤度** (log-likelihood)
の最大値である。この値は二つのモデルのそれぞれについて表 2.2
にすでに示されている。

　モデルの適合度を比較するために，二つのモデルの対数尤度の差

が正の数になるように引き算をし，それを二倍にする（対数尤度の代わりに，統計量の計算を容易にするために，一部のプログラムでは対数尤度を -2 倍した値を出力する）。二つのモデルの適合度に差がないという帰無仮説の下では，この統計量は大標本においてカイ二乗分布になる。検定で必要になる自由度は，二つのモデルの制約数の差になる。ほとんどの場合，制約数は二つのモデルの独立変数の数の差になる。この例では，対数尤度の差の 2 倍は 179.12 であり，モデル 1 の独立変数の数はモデル 2 より 2 つ少ないため自由度は 2 になる。この値は自由度 2 のカイ二乗分布において 1% の有意水準の値をはるかに超えている。したがって，准教授への昇進するハザード率自体が時間とともに自律的に変化するという仮説が十分に支持される。

対数尤度を比較して複数の独立変数の影響を仮説検定する方法は最尤推定では一般的に使われるやり方である。したがって，本書の後の章で説明するモデルやパラメータの検定にも応用が可能である。

時間の効果の検定に加えて，時間と他の独立変数の交互作用を検定することもできる。これは，一般的な回帰分析やロジスティック回帰分析で行われるように，モデルに独立変数の交互作用項を含めることで簡単に実行することができる。たとえば，モデル 2 に博士号取得大学威信と勤続年数の積の項を入れてみると，博士号取得大学威信と勤続年数との交互作用項の偏回帰係数 (-0.10) の p 値は 0.04 であり，博士号取得大学威信の主効果の偏回帰係数 (0.57) の p 値も 0.04 であった。この結果は，助教になって初期の時点では博士号を取得した大学の知名度が高いほど准教授の昇進の可能性が高いが，その効果は時間の経過とともに小さくなり 6 年目までに 0 になることを示唆している。第 4 章で説明するように，この類の検定は，コックス回帰モデルでの比例ハザード性の仮説検定と統計学的には同じである。

2.7　離散時間ロジスティック回帰モデルの注意点

　これまで説明した離散時間モデルを使用する際に注意しなければ
ならないのは，一つの個体が事象を複数回経験するデータでは，事
象の回数の多寡がもたらす影響を修正する必要がある。修正の方法
としては，頑強（ロバスト: robust）推定による標準誤差 (robust
standard errors) を求めたり，一般化推定式や変量効果（混合）モ
デルを使う。実際には，個体が経験する事象が一回の場合にはこ
うした修正は必要ない (D'Agostino et al., 1990)。この点につい
ての簡単な証明は本書の付録にも付けてある。詳細な証明は Alli-
son(1982) を参照するとよい。いずれにせよ，事象に繰り返しがあ
る場合は事象の発生回数の影響を修正することは不可欠である。

　生化学者の例では，人年の数の計算はかなり扱いやすかった。一
方，長い期間記録されて大きなサンプルを持ったデータを小さな
離散時間の単位に分割すると，結果的に観測数は扱うのが難しくな
るくらい大きくなる可能性がある。生化学者の例では，「人年」で
はなく「人日」に変えると，635,000 を超える観測数になってしま
う。この問題は離散時間の単位をより長くすることで解決すること
ができるが，そうすると，情報の一部が必ず失われてしまう（ただ
し，生化学者の例では情報はほとんど失われない。というのは，准
教授の昇進は，ほとんどの場合，年度のはじめに行われるからであ
る）。特に，独立変数の値が測定される期間よりも長い期間として
離散時間の単位をまとめることは賢明でない。たとえば，独立変数
の値が月ごとに測定される場合，年の単位に離散時間をまとめるこ
とは好ましくない。

　離散時間モデルを最も簡便なやり方で，大きなサンプルに対して
用いる方法はいくつかある。たとえば，すべての独立変数がカテゴ
リカル変数である（あるいは，離散変数のカテゴリーの総数が少な

い）場合，ロジスティック回帰モデルの推定はすべての独立変数と従属変数を交差分類し，グループ化したデータで行うことができる。この場合，計算にかかる時間は観測数ではなく，交差分類した表のセルの数に規定される。

離散時間モデルを簡便に実行する別の方法は，従属変数の値ごとにサンプルを取り出すことである。離散時間ロジスティック回帰モデルのためにつくられたデータセットは，通常，事象の発生数が比較的少なく，事象の非発生数が多くなっている。たとえば，生化学者の例では，1,741 人年のうち准教授の昇進はわずか 217 であり，約 12% しか発生していない。したがって，次のような方法を試みることもできる。事象が発生したすべてのサンプルと，事象が発生していない個体からランダムにサンプルを取り出す。続いて，これら二つのサンプルを合わせて，ロジスティック回帰を実行する。こうした比例しない層化サンプリングを用いても，ロジスティック回帰モデルにおいて独立変数の偏回帰係数に偏りが生じないことは十分に保証されている (Prentice & Pyke, 1979)。ただし，明らかに情報の損失が生じるので，結果的に標準誤差は大きくなるが，通常，その差はわずかである。事象が生じていない個体がより多く抽出されるほど標準誤差は改善されるが，改善の程度は個体数の増加にともなって急速に減少する。事象が発生した個体と発生していない個体の比が 1 対 5 を超えると，比率をさらに大きくしてもほとんど標準誤差は改善しない。

式 (2.2) のロジスティック回帰モデルは，確かに，独立変数の離散時間ハザード率に対する影響を検討する最も知られた方法であるが，これ以外にも魅力的な代替手段として次のような「補対数対数モデル」がある。

$$\log\left[-\log(1 - P(t))\right] = b_0 + b_1 x_1 + b_2 x_2(t) \qquad (2.4)$$

このモデルはロジスティック回帰モデルと同様に，回帰式の右辺に
ある変数が何であっても，$P(t)$ は 0 と 1 の間に収まる。ロジステ
ィック回帰モデルと異なる点は，補対数対数モデルが第 4 章で説
明する連続時間データを用いたコックス比例ハザードモデルと等し
く定式化されていることである。さらに，式 (2.4) の補対数対数モ
デルでは偏回帰係数を指数変換すると，オッズ比ではなくハザード
比になる。多くの統計ソフトのパッケージでは，オプションとして
補対数対数モデルを実行できる。実際，ロジスティック回帰モデル
と補対数対数モデルのどちらを選択するかは決定的な差をもたらさ
ない。主な関心が p 値である場合は特にそうである。補対数対数
モデルの偏回帰係数は，ロジスティック回帰モデルの偏回帰係数よ
りも値が少し小さくなる傾向があるが，これは二つのモデルのハザ
ード率の尺度の問題であり，変数の効果の実質的な違いを意味して
いない。

2.8　打ち切り

　生化学者の例では二つのいずれかの理由で打ち切りが発生してい
る。つまり，准教授に昇進する前に大学を辞めたか，10 年経って
もまだ准教授に昇進していないかのどちらかである。これら二つの
種類の打ち切りは「**右側打ち切り** (right censoring)」と呼ばれてい
て，最後に対象が観察された時点で事象がまだ発生していないこと
によるものである。しかし，これら二種類の「右側打ち切り」には
重要な違いがある。10 年経ってもまだ准教授に昇進していない場
合は「**固定打ち切り** (fixed censoring)」と呼ばれ，打ち切りの時間
が研究のデザインによって決められ，さらに，打ち切りの時点は打
ち切りに該当するすべての個体で同じである。
　一方，大学を辞めた場合，打ち切りの時点は表 2.1 に示されてい

るように個体によって異なっている。打ち切りの時点が個体によって異なる場合（かつ，分析者が操作していない場合），**ランダムな打ち切り** (random censoring) と言われる。このタイプの打ち切りは観察期間が終了する前に，何らかの理由で対象が研究から欠落した場合に発生する。考えられる理由としては，死亡や転居によって対象の集団からいなくなってしまった。あるいは，時間が経つにつれて対象と連絡をとることができなくなった。あるいは，追跡調査が不可能になったなどがある。ランダムな打ち切りには，観察開始の早かった対象が一定期間の観察を終了し観察対象から外れることで生じる場合もある。

　ランダムという言葉を誤解しないように注意してほしい。ランダムとは打ち切りが他の何とも一切関係がないという意味ではない。実際，そうでない場合のランダムな打ち切りもありうる。「打ち切りがランダムである」というのは研究の過程で自然に打ち切りが発生することを意味しており，研究の過程でいずれの要因によっても打ち切りが行われないことではない。

　打ち切りがランダムである場合，実質的にすべてのイベント・ヒストリー分析では打ち切りが生じた時間は「**無情報** (non-informative)[3]」であると仮定している。これは，特定の時点である個体に打ち切りが発生しても，（モデルの独立変数の影響を除い

---

[3]訳注：独立変数 x と従属変数 y があり，従属変数 y に欠損値が生じていると仮定する。

(1) y の欠損値の発生が完全にランダムであり，変数 y や変数 x の値に依存しないで欠損値が生じている場合を「MCAR (Missing Completely At Random)」と呼ぶ。

(2) y の欠損値の発生が変数 y の値には依存しないが，変数 x の値だけに依存して生じている場合を「MAR (Missing At Random)」と呼ぶ。

(3) y の欠損値の発生が変数 y の値に依存して生じている場合を「MNAR (Missing Not At Random)」と呼ぶ。

てしまうと）その個体のハザード率には何の要因も影響していない
ことを意味している。生化学者の例では，昇進の可能性の低い研究
者に大学を辞める傾向があるなら，この仮定は妥当しない。任期の
ない在職権の制度についてわかっていることを考慮すると，大学を
辞めた人の何人かは，間違いなく准教授への昇進ができずに，雇用
期間が終了したことに関連した打ち切りであろう。

　残念ながら，打ち切りが「無情報」であるという仮定を検定する
方法はない (Tsiatis, 1975)。そして，この仮定が妥当しないことが
確信できるとしても，この仮定を緩めて分析する方法はない。した
がって，ほとんどの研究者はこの問題に目をつぶり，仮定が妥当す
る最善の状態を望むだけである。しかし，研究者はランダムでない
打ち切りを最小限にするために，研究のデザインと研究の実施の両
面において可能なあらゆることを行う必要がある。打ち切りに関す
るすべての問題を解決するためには，イベント・ヒストリー分析の
手法だけに頼ってはいけない。

　「無情報」の仮定を検定することはできないが，その仮定が妥当
しない場合に分析結果がどう変わるかを多少，検討することがで
きる。感度分析ではランダムに打ち切られた対象を極端に異なった
条件で処理して，モデルを二度推定することが重要である。シナリ
オ A では，ランダムに打ち切られた個体に打ち切りが生じた時点
で事象をあたかも経験したようにデータを変更してモデルを推定
する。本章で取り上げた離散時間モデルの場合，打ち切りを経験し
た個人が最後に観測された時点の従属変数の値を 0 から 1 に変更
することを意味している。このシナリオ A では，ランダムに打ち
切られたすべての個体は事象を経験する可能性が高い（つまり，可
能性が高いので打ち切り時に事象を経験する）という仮定に対応する。

本文中にある打ち切りの「無情報」とは，打ち切りが MCAR あるは MAR
に生じていることを意味している。

シナリオ B では事象を経験したか，打ち切りが生じたかにかかわらず，データで観察された最も長い経過時間をランダムに打ち切られたすべての個体の打ち切りの時間にする。したがって，生化学者の例では，打ち切り時間はすべて 10 年に設定する（これを離散時間モデルで行うには，従属変数を 0 にした打ち切り時点から 10 年目までの期間に対応する人年のデータを作成して追加する必要がある。また，これらの追加されたデータでは，時間依存の独立変数の値はそれぞれの個体の最後の観測値にする）。シナリオ B は，ランダムに打ち切られた個体は事象を経験する可能性が低いという仮定に対応しており，たとえ観察が継続されたとしても事象を経験する可能性が非常に低いため，観察期間の最後まで事象は発生しなかったと考えている。

通常の分析から得られたパラメータの推定値（および，統計的有意性）がこれら二つの極端なシナリオから得られたものと類似しているなら，打ち切りの「無情報」を仮定してもそれほど間違っていないことになる (Peterson, 1976)。この打ち切りについての検討方法は，本書の後の章で説明するどの方法にも適用できることは注目に値する。また，データの修正はランダムに打ち切られた対象にのみ用いられ，「固定打ち切り」を経験した対象には適用されないことに注意する必要がある。

表 2.3 は，二つの極端なシナリオ A と B で准教授の昇進の分析がどうなるかを示している。比較を簡単にするために，「通常の分析」の列には，表 2.2 のモデル 2 の結果を示している。学部選抜度と論文数の偏回帰係数は，「通常の分析」「シナリオ A」「シナリオ B」の三つで全体的にかなり似かよった結果になっている。しかし，勤務先大学の威信の偏回帰係数はシナリオ B ではかなり小さく，統計的に有意でない。医学博士の影響はシナリオ A で最も小さく統計的に有意だが，他のモデルでは有意でない。心に留めてほ

表 2.3 打ち切りがランダムでない場合の分析結果

独立変数	通常の分析		シナリオ A		シナリオ B	
	Exp(b)	z 統計量	Exp(b)	z 統計量	Exp(b)	z 統計量
学部選抜度	1.21	3.05**	1.15	2.43*	1.20	2.90**
医学博士	0.79	−1.37	0.70	−2.29*	0.91	−0.57
博士号取得大学	1.03	0.29	0.92	−0.97	1.14	1.43
勤務先大学	0.78	−2.23*	0.68	−3.73**	0.88	−1.24
論文数	1.08	4.05**	1.05	2.88**	1.10	5.75**
被引用数	1.00	0.10	1.00	1.28	1.00	−1.14
勤続年数	8.02	8.91**	5.54	9.48**	8.55	9.31**
勤続年数の二乗	0.85	−7.81**	0.88	−8.04**	0.84	−8.85**
対数尤度	−506.01		−608.28		−553.13	

* 5% 水準で統計的に有意（両側検定）
** 1% 水準で統計的に有意（両側検定）

しいのは，この例ではシナリオ B（打ち切られたケースは昇進の可能性が低い）はシナリオ A よりもかなりもっともらしくなっている点である。表 2.3 には，それぞれのモデルの対数尤度を示しているが，これを使ってモデルの比較はできない。その理由は，何らかの方法でデータを変更した場合，対数尤度を比較できないからである。

2.9 離散時間モデルと連続時間モデル

連続時間を用いたイベント・ヒストリー分析の説明に進む前に，本章で解説した離散時間モデルは通常，後述する連続時間モデルと極めて似た結果をもたらすことを強調しておく必要がある。実際，時間の単位が次第に小さくなるにつれて，式 (2.3) の離散時間モデルは，第 4 章で説明する比例ハザードモデルに近づいていく（D'Agostino et al., 1990）。事象が発生した正確な時間を知らない

ことで情報は幾分失われるが，多くの場合，この損失は推定された標準誤差にほとんど影響を与えない。

　したがって，離散時間モデルと連続時間モデルのどちらを用いるかは，一般的には計算にかかる手間と簡便さを考慮して判断する必要がある。時間依存の独立変数がない場合，しばしば，以降の二つの章で説明する方法のどちらかを使ってイベント・ヒストリー分析を行うのが簡単である。主に，これは連続時間モデルでは対象の観察期間を明確な影響が見られる時間の単位に区分する必要がないからである。他方，時間依存の独立変数がある場合，連続時間モデルと離散時間モデルで必要とされる相対的な手間や簡便さはほぼ同じである。

第3章

連続時間を用いた
パラメトリックな手法

第2章で説明した離散時間モデルは汎用性が高いが，イベント・ヒストリー分析では多くの場合，連続時間モデルが用いられる。本章では，事象が起きた時点が正確に測定されているデータに対して一般的に使われるパラメトリックな方法を用いたイベント・ヒストリー分析について解説する。この方法は推定されるパラメータを除いて，モデルに含まれる値の分布の型がはっきりと仮定されているため「パラメトリック」と表現される。前章と同様に，本章でも各個体が一つの事象しか経験せず，すべての事象を同じように扱うことが可能な状況を仮定している。

本章で扱うデータの分析法には密接に関連した複数の手法があり，初心者はそれらの手法の中からどれを選択すればよいのかを決めるのが難しいかもしれない。したがって，本章ではどの手法を選ぶべきかを決める指針も示す予定である。連続時間モデルを十分に理解するには微積分（簡単な常微分方程式を含む）と最尤法の知識が必要であるが，数学の知識があまりなくても，このモデルを使いこなせるようになることは可能である。

3.1 連続時間ハザード率

最初に，連続時間のハザード関数を定義することから始めよう。

前章で，離散時間のハザード率は，時点 t で事象を経験する可能性のある個体が時点 t で実際に事象を経験する確率として定義した。しかし，連続時間モデルでは，時間の単位が小さく，時点 t で事象が発生する確率は極めて小さいので，離散時間のハザード率の定義は連続時間には当てはまらない。代わりに，時点 t で事象を経験する可能性のある個体が時点 t から $t + s$ までの間に事象を経験する確率を考え，この確率を $P(t, t + s)$ で表現する。$s = 1$ の場合，これは第 2 章で定義された離散時間のハザード率と等しくなる。

次に，この確率を時間の間隔の長さである s で割り，この比率が極限値に達するまで s を徐々に小さくしていく。この極限値が $h(t)$ で示される連続時間のハザード率である。このハザード率は，$\lambda(t)$ や $r(t)$ でよく表されることがある。正確に数式で書くと次のようになる。

$$h(t) = \lim_{s \to 0} \frac{P(t, t + s)}{s} \tag{3.1}$$

これは，事象が発生する瞬間の確率と考えるとわかりやすいが，1 より大きい値になることもあるので正確には確率ではない。実際，このハザード率に上限はない。より正確には，$h(t)$ は観測値から計算される事象が発生する比率と解釈できる。具体的には，$h(t)$ が時間に対して一定である場合，たとえば $h(t) = 1.25$ の場合，1.25 は 1 単位の時間内で発生が期待される事象の数である。あるいは，この値の逆数をとると，$1/1.25 = 0.80$ を得ることができ，この値は事象が一つ発生するまでの時間の期待値であり，この場合は 0.8 単位時間である。ハザード率をこのように定義すると，「リスク」の直感的な概念にもうまく合致する。たとえば，一人のハザード率が 0.5 で，もう一人のハザード率が 1.5 だとすると，後者が事象を経験するリスクは前者の 3 倍大きいと言える。

実際に分析をする際は，多くの場合，ハザード率は最後に事象が

発生してからの時間の経過や個人の年齢などによる時間の関数とするのが妥当である。たとえば，少なくとも 25 歳を過ぎると逮捕される可能性は年齢とともに低下する。他方，退職の可能性は年齢とともに増加する。死因が何であれ，死亡のハザード率を表す曲線は U 字型になる。生まれた直後は死亡率が比較的高く，その後，急激に低下し，中年後期から再び上昇し始める。ハザード関数に課せられる唯一の制約は，値が負にならないということである。

　重要な特徴の一つは，ハザード関数の形によって連続時間のイベント・ヒストリー分析のタイプをさまざまに分けることができる点である。実際，ハザード関数 $h(t)$ は，事象が発生するまでの時間（または，繰り返し発生する場合は事象と事象の間の時間）の確率分布を完全に決定している。本章の後半では，ハザード関数の種類を選ぶ方法について説明する。

　ハザード率は集団ではなく個体の特性として定義されることにも注意する必要がある。すべての個体が同じハザード率を持っていると仮定する場合も時としてあるが，他方，それぞれの個体が基本的に異なるハザード率を持つと仮定する場合もある。

3.2　パラメトリックな比例ハザードモデル

　パラメトリックなイベント・ヒストリー分析は，「**比例ハザードモデル** (proportional hazards model)」と「**加速時間ハザードモデル** (accelerated failure time model)」の二つに大きく分けることができる。「比例ハザード」という用語は通常，第 4 章で説明する「コックス (Cox) 回帰」と関連させて用いられるが，コックスの「比例ハザードモデル」は，本章で検討するパラメトリックな比例ハザードモデルよりも制約をかなり弱めた手法である。

　比例ハザードモデルは，ハザード関数が時間と独立変数によっ

て，どのように規定されるかという点から分類するのが最も簡単
である．指数 (exponential) 回帰モデル，ワイブル (Weibull) 回帰
モデル，ゴンペルツ (Gompertz) 回帰モデルの三つは時間の定式化
に違いがある回帰モデルである．説明を簡単にするために，独立変
数は x_1 と x_2 の二つだけで，時間が経過しても値は変化しないと
仮定する．最もわかりやすい分析は，$h(t)$ を独立変数の線形関数
にすることである．ただし，この定式化では，$h(t)$ が非負である
という制約に対して，線形関数は 0 より小さい値をとらないよう
にできないのでエレガントではない．この問題を回避するために，
$h(t)$ の自然対数を回帰式の左辺にして独立変数の線形関数をつく
るのが一般的である．つまり，最も単純なモデルの一つは

$$\log h(t) = b_0 + b_1 x_1 + b_2 x_2 \tag{3.2}$$

であり，b_0，b_1，b_2 は推定されるパラメータである．この式では，
$h(t)$ は独立変数の関数であり，時間に依存しない変数である．こ
のようにハザード率が時間に対して一定であるモデルでは事象が発
生するまでの時間の分布として指数分布を仮定していて，しばしば
「指数回帰モデル」と呼ばれる．

　とはいえ，ハザード率が時間を通じて一定であると仮定するのは
一般的には現実的でない．たとえば，事象が死亡である場合，生物
が老化によって死亡する可能性は時間とともに増大するはずであ
る．他方，事象が転職である場合，個人がその仕事に従事する時間
が長くなれば職場を変える可能性は減少する傾向がある．ハザード
率が時間に対して一定であるという仮定を緩め，ハザード率の対数
が時間とともに直線的に増加または減少すると仮定すると次のよう
に定式化される．つまり，

$$\log h(t) = b_0 + b_1 x_1 + b_2 x_2 + ct \tag{3.3}$$

であり，c は 0 でない定数である。このモデルは事象が発生するまでの時間の分布にゴンペルツ分布を仮定しているので，一般的に式 (3.3) は「ゴンペルツ回帰モデル」と呼ばれる。

あるいは，ハザード率の対数が時間の対数とともに直線的に増加，あるいは，減少するモデルを考えることも可能であり，これは，

$$\log h(t) = b_0 + b_1 x_1 + b_2 x_2 + c \log t \tag{3.4}$$

であり，c は 0 にならないように制約されている。このモデルでは事象が発生するまでの時間の分布にワイブル分布を仮定しているので，しばしば「ワイブル回帰モデル」と呼ばれる。

回帰式における時間の定式化を変えることによって他にも多くのモデルが存在するが，これらの三つのモデルが最も一般的なものである。しかし，注意しなければならない点は，比例ハザードモデルは，独立変数 x と時間の間に交互作用がないことである。したがって，式 (3.4) では，x_1 の効果はすべての時点で同じである。パラメトリックモデルの詳細については，Lawless(2002) または Allison(2010) を参照するとよい。ワイブル回帰モデルとゴンペルツ回帰モデルでは時間は一つの独立変数のように見えるが，もっと重要な意味を持っている。特に，式 (3.3) と式 (3.4) は単に時間を時間の対数に変えただけでなく，完全に異なるパラメータの推定が必要となる。

注意すべき点はワイブル回帰モデルもゴンペルツ回帰モデルもハザード率と時間の関係が U 字型あるいは逆 U 字型になることはありえないことである。つまり，ハザード率は時間の経過とともに，単調に減少または増加し，増減の方向が変わることはない。これは実際の分析では使いにくい場合がある。本章の後半ではこの制約のないモデルをいくつか検討する。

さらに，これらのモデルには誤差項がないことも注意する必要がある。とは言え，実際に事象が発生するまでの時間とモデルによって推定される時間には誤差が含まれるので決定論的なモデルではない。また，本章の最後で説明するように，これらのモデルに誤差項を含める必要があるという議論もある。

3.3 最尤推定

これまで説明したモデルを式で書くのは容易だが，難しいのはパラメータを推定することである。特に，打ち切りのあるデータに対しては難しい。1960 年代後半に統計学者は指数回帰モデルを推定する最尤法 (Zippin & Armitage, 1966; Glasser, 1967) を考案したが，すぐに，他の多くのモデルでも最尤法が利用できるようになった。本書の付録にはパラメトリックモデルの最尤推定について，幾分，詳細に説明しているので，ここでは最尤推定の一般的な特徴を述べるに留める。

打ち切りのあるデータの推定方法として最尤法に優る方法はあまりない。最尤法は打ち切りのある観測値と打ち切りのない観測値が混在する場合，漸近的に不偏で，正規分布に従い，効率的な（つまり，最小の標準誤差を持つ）推定値を求めることができる。「漸近的に」というのはサンプルサイズが大きくなるにつれて近似的に成立する性質を意味しているので，サンプルサイズが小さい場合，この近似的な性質は期待するほど当てはまらない場合がある。しかし，最尤法に優る代替法がないのでサンプルサイズの大小にかかわらず広く使用されている。

多くのタイプの比例ハザードモデルに対して最尤推定を実行する統計ソフトはたくさんある。本書の執筆時点では SPSS を除く，JMP, LIMDEP, Minitab, R, SAS, Stata, Statistica で最尤法による推定が可能である。

3.4 分析例

これまで述べてきた方法を説明するために，第 1 章で簡単に述べた服役囚の再犯のデータ (Rossi et al., 1980) を指数回帰モデルで分析してみよう。分析対象のサンプルはメリーランド州の刑務所から出所後，1 年間追跡された 432 人の男性の元服役囚である。実際にはこの研究はランダム化された実験研究であり，男性の元服役囚の半分は経済的支援を受け，残りの半分は対照群として支援を受けなかった。1 年間の追跡期間中，対象者は面接を毎月受け，その前の月に経験したことについて聞き取り調査を受けた。そして，1 年間の最後に地方裁判所の記録で対象者が逮捕や有罪になっていないかどうかを調べた。

ここで関心のある事象は出所後の最初の逮捕であり，再犯で逮捕される可能性が出所時の年齢 (age)，人種（黒人かどうかのダミー変数）(race)，配偶状態 (mar)，前科の数 (prio)，仮釈放であるかどうか (paro)，経済的支援の有無 (fin)，および，過去の就業経験の有無 (wexp) によってどのように規定されるかである。これらの変数はすべて，観察期間中，値が変化しなかった。第 4 章では 1 年間の観察期間中に生じた就業状態の変化も変数に含むモデルを検討する。

大抵の統計ソフトではパラメトリックなイベント・ヒストリー分析を実行する際，従属変数としてデータの二つの変数を指定する必要がある。つまり，観察期間中に事象を経験したか，しなかったかを示す二値のダミー変数（この場合では再犯したかどうか）と，事象を経験した場合はその時間であり，経験しなかった場合は打ち切りまでの時間を示す変数である。この例では，出所から週単位で時間を測定している。したがって，再犯で逮捕された場合，従属変数の二つ目の値は出所から逮捕までの週の数であり，再犯で逮捕さ

れなかった場合は最後に観察が行われた週の数である 52 である。
432 人の元服役囚のうち 114 人が 1 年以内に再逮捕され,残りの
318 人が逮捕されずに打ち切りになった。表 3.1 のモデル 1 に示さ
れている指数回帰モデルの推定値は Stata と SAS を使用して得ら
れたものである(プログラムは www.statisticalhorizons.com/
resources/books から見ることができる)。

偏回帰係数の推定値は,一般的に,標準化されていない係数で示
される。たとえば,出所時の年齢の偏回帰係数 −0.056 は,他の変
数の影響をコントロールした場合,年齢が 1 歳増えるとハザード
率の対数の値は 0.056 低下することを意味する。より直感的に解釈
するには偏回帰係数を指数変換すればよい(つまり,対数の真数を
計算する)。つまり,偏回帰係数 b の Exp(b) を求めることであり,
ネイピア数 e(約 2.718)を b 乗する。表 3.1 に示すこれらの指数
変換された偏回帰係数は「ハザード比」と呼ばれるハザード率の
比であり,独立変数が 1 単位変化した場合にハザード率がどう変
化するかを示している。たとえば,経済的支援(ダミー変数)のハ
ザード比は 0.693 であり,経済的支援を受けた元服役囚 ($x = 1$) が
再逮捕されるハザード率は,経済的支援を受けなかった元服役囚
($x = 0$) の再逮捕されるハザード率の 0.693 倍である。

量的変数の場合,「[Exp(b) − 1] × 100」を計算すると,他の独立
変数の影響をコントロールした場合に,独立変数が 1 単位増える
ごとにハザード率がどのくらい変化するかがわかる。たとえば,前
科の数のハザード比は 1.09 であり,前科が 1 回増えるとハザード
率が 9% 増加すると推定されることを示している。これはダミー変
数にも同様に当てはまる。つまり,経済的支援のハザード比 0.693
は,経済的支援を受けた元服役囚の再犯のハザード率が 31% 減少
することを意味している。あるいは,1/0.693 を計算すると 1.44
になり,経済的支援を受けなかった元服役囚は,受けた元服役囚

より再犯の可能性が 44% 高いと言える。

　他の分析手法と同じように，z 統計量は偏回帰係数と標準誤差の比率として計算される。中規模から大規模なサンプルでは「偏回帰係数が 0 である」という帰無仮説の下では z 統計量は漸近的に標準正規分布に従う。したがって，z 統計量が 2 を超えると，両側検定において偏回帰係数は有意水準 5% で有意になる。また，この比率の値は独立変数の影響の相対的な重要性の大まかな指標として使用することもできる。この例では 7 つの変数のうち 2 つ（つまり，出所時の年齢と前科の数）だけがはっきりと統計的に有意な影響を持っていることがわかる。経済的支援の効果は片側検定では有意だが，両側検定では有意ではない。これらの独立変数の影響はすべて期待どおりの方向を示しており，したがって，前科の数が多い元服役囚は常に再犯を犯す可能性が高いことを意味している。

　すでに指摘したように，（独立変数の値が異なるため）ハザード率は個体間で異なっている可能性があるが，指数回帰モデルでは個体のハザード率は時間が経過しても変化しないと仮定している。しかし，これは仮定が強すぎる可能性がある。表 3.1 のモデル 2 はワイブル回帰モデルを使い，ハザード率が時間とともに増加または減少すると考えて推定した結果が示されている。推定結果はあまり変わらないが，指数回帰モデルの方は経済的支援の偏回帰係数が少し大きくなり，統計的にほとんど有意でなくなっている。

　表 3.1 に示していないが，式 (3.4) のように対数変換した時間を独立変数に加えたモデルを推定すると，対数変換した時間の偏回帰係数 c は 0.404 になる。これは，再犯の可能性が時間の経過にともなって増加することを意味している。より具体的にはハザード率と時間の両方とも対数になっているので，出所からの時間が 1% 増加すると再犯の可能性が 0.404%（40% ではなく 0.5% 以下）増加すると言える。

表 3.1 再犯についての3つのモデルの推定結果

独立変数	1 指数回帰モデル			2 ワイブル回帰モデル			3 ガンマ分布モデル		
	偏回帰係数	z 統計量	Exp(b)	偏回帰係数	z 統計量	Exp(b)	偏回帰係数	z 統計量	Exp(b)
経済的支援[d]	-0.366	-1.92	0.693	-0.382	-2.00*	0.682	0.272	1.94	1.313
出所時の年齢	-0.056	-2.55**	0.946	-0.057	-2.60**	0.944	0.041	2.46**	1.041
人種[d]	0.350	0.99	1.356	0.315	1.02	1.371	-0.225	0.99	0.798
就業経験[d]	-0.147	-0.69	0.863	-0.150	-0.70	0.861	0.107	0.65	1.113
配偶状態[d]	-0.427	-1.12	0.652	-0.437	-1.14	0.646	0.312	1.13	1.366
仮釈放[d]	-0.083	-0.42	0.921	-0.083	-0.42	0.921	0.059	0.42	1.061
前科の数	0.086	3.03**	1.089	0.092	3.22**	1.097	-0.066	3.09**	0.936
定数項	-0.147			-5.60			0.107		
対数尤度	-325.83			-319.38			-319.38		

* 5%水準で統計的に有意
** 1%水準で統計的に有意
d ダミー変数

　ワイブル回帰モデルは指数回帰モデルより適合度が高いのだろうか？　指数回帰モデルはワイブル回帰モデルの特殊なケースであるので，第2章で使用した尤度比検定を行うことで，この疑問に答えることができる。二つのモデルの対数尤度の差を2倍すると12.90になる（表3.1を参照）。単純なモデル（指数回帰モデル）の方が適合度が高いという帰無仮説は自由度1のカイ二乗分布で検定できる（ワイブル回帰モデルはパラメータ c があるので指数回帰モデルよりパラメータの数が1つ多いため）。この場合，p 値は0.0003なので帰無仮説を棄却してワイブル回帰モデルの方が指数回帰モデルよりも適合度が有意に高いと言える。これは $c = 0$ であるという帰無仮説を検定することと同じである。

3.5　加速時間ハザードモデル

　別のよく知られているパラメトリックなイベント・ヒストリー分析の手法は「加速時間ハザードモデル」である (Kalbfleisch & Prentice, 2002)。T を事象が発生するまでの時間とすると，このモデルは次のように書くことができる。

$$\log T = b_0 + b_1 x_1 + b_2 x_2 + u \tag{3.5}$$

この式では，u は誤差項であり独立変数 x と統計的に独立で，均一な分散 σ^2 を持っている。このモデルは，従属変数を $\log T$ とする通常の線形回帰モデルと本質的には同じである。「加速時間ハザード」という名前は，変数 x が事象を発生させるまでの時間を早くしたり（または遅くしたり）することに由来する。

　加速時間ハザードモデルは，誤差項 u の分布にどんな確率分布を仮定するかによってさまざまなタイプが存在する。誤差項の分布としては，正規分布，対数ガンマ分布，ロジスティック分布，極値

分布などが仮定される。これらの分布を仮定すると，T はそれぞれ対数正規 (log-normal) 分布，ガンマ (gamma) 分布，対数ロジスティック (log-logistic) 分布，ワイブル分布になる。通常，これらのモデルは誤差項 u の分布よりも T の分布によって分類されることが多い。ワイブル回帰モデル（とその特別なケースである指数回帰モデル）は，比例ハザードモデルとしても加速時間ハザードモデルとしても定式化することができるのが特徴である。

　加速時間ハザードモデルは，従属変数を時間の対数 $\log T$ ではなくハザード率になるように表現することも可能であるが，表現された式が複雑になる傾向がある。ワイブル回帰モデルやゴンペルツ回帰モデルと異なり，対数正規モデルと対数ロジスティック・モデルではハザード率が時間の非単調関数になる。つまり，ハザード率は最初に増加した後，ピークに達し，その後は徐々に時間の経過とともに減少する。最も柔軟なモデルであるガンマ分布モデルではハザード関数がさまざまな増減のパターンを持つことができる。特に，ガンマ分布モデルでは U 字型のハザード関数を用いることもできる。多くの場合，このモデルは死亡リスクを年齢の関数としてモデル化する場合に有益である。

　打ち切りがない場合，加速時間ハザードモデルは独立変数が従属変数 $\log T$ を規定するモデルとしての通常の最小二乗回帰によって簡単にパラメータを推定でき，不偏性を持った偏回帰係数を得ることができる。しかし，打ち切りが存在する場合は，通常，最尤法による推定を用いなければならない。本書の付録では最尤法で用いる尤度関数の定式化について解説しており，また，Lawless(2002) は尤度関数の極値を求める方法について詳しく説明している。

　表3.1 のモデル 3 は，再犯のデータをガンマ分布モデルに当てはめた結果を示している。この結果の最も目につく特徴はすべての偏回帰係数が指数回帰モデルやワイブル回帰モデルの偏回帰係数の符

号と反対である点である。これは，モデルの定式化に起因する。というのは，式 (3.5) を見ると，ガンマ分布モデルは事象が発生するまでの時間の対数を従属変数として予測しているが，式 (3.4) のワイブル回帰モデルはハザード率の対数を予測している。つまり，ハザード率が低いと事象が起きるまでの時間が長く，反対に，ハザード率が高いと事象が起きるまでの時間が短くなる。z 統計量はほぼ同じだが，ガンマ分布モデルでは経済的支援の p 値は 0.05 よりわずかに大きく，統計的に有意でない。

ガンマ分布モデルでは指数変換された偏回帰係数 $[\mathrm{Exp}(b)]$ は，事象が起きるまでの「時間の比 (time ratio)」として解釈できる。たとえば，経済的支援の偏回帰係数は 1.313 であるが，これは経済的支援を受けた元服役囚の方が受けなかった元服役囚よりも再犯を犯すまでの時間が約 31% 長いことを意味している。同様に，前科の数の偏回帰係数は 0.936 であり，前科の数が 1 回増えると再犯を犯すまでの時間が 6% 短くなることを示している。

では，ガンマ分布モデルとワイブル回帰モデルのどちらの方がよいのだろうか？　ワイブル分布はガンマ分布の（パラメータの数が 1 つ多い）特殊なケースであるので，尤度比検定によって両者の適合度を比較できる。注目すべきことに，表 3.1 で示されているように二つのモデルの対数尤度は同じであり，尤度比の二乗は 0 である。したがって，パラメータの数が少ない単純なワイブル回帰モデルよりパラメータの数が多く複雑なガンマ分布モデルの方が適合度がよいとは言えない。したがって，単純なワイブル回帰モデルがより最適なモデルになる。

ワイブル回帰モデルは比例ハザードモデルとしても加速時間ハザードモデルとしても定式化できるので，偏回帰係数を式 (3.5) のように変換することもできる。この例でこの変換を行うと，ワイブル回帰モデルの偏回帰係数は，ガンマ分布モデルについて表 3.1 で示

表 **3.2**　再犯についての分析のモデル適合度

モデル	$-2 \times$ 対数尤度	AIC	BIC
ガンマ分布モデル	638.753	658.753	699.437
対数正規モデル	645.389	663.389	700.005
対数ロジスティック・モデル	638.797	656.797	693.413
ワイブル回帰モデル	638.753	656.753	693.369
ゴンペルツ回帰モデル	641.199	659.199	695.815
指数回帰モデル	651.652	667.652	700.199

されている値とほぼ同じになる。二つのモデルの適合度は等しいの
だから，この結果は驚くことではない。

3.6　適合度の評価

　他のパラメトリックなモデルとの適合度を比べるにはどうすれば
よいのだろうか？　多くの統計的手法と同じように，モデル選択に
関する方法を体系立てて，包括的に説明するのは難しい。数学的簡
便さ，理論的適切さ，データに基づく実証的根拠など，妥当なモデ
ル選択の際に考慮しなければならない点は数多くある。

　データに基づいて実証的に適合度を判断する方法は定式化が簡単
なので，ここで検討してみよう。モデルはすべて最尤法で推定され
るので，データに基づいて適合度を検討する基本的な尺度として対
数尤度の最大値を使うことができる。つまり，対数尤度が 0 に近
いほど，適合度が高くなる。ただし，一般的には対数尤度は負であ
るため，適合度の評価を容易にするために対数尤度に -2 を掛けた
値を用いる。表 3.2 はこれまでに説明したすべてのモデルの対数尤
度に -2 を掛けた値を示している。

　注意しなければならないのはデータが異なっていると対数尤度で
モデルの適合度を比較することができない点である。したがって，

これから述べる方法はまったく同じデータを用いて分析された異なるモデルを比較する場合にのみ使うことができる。さらに，観測数が増えると対数尤度の −2 倍は増加するのでデータ数が多くなると値が大きくなることにも注意する必要がある。表 3.2 を見ると，対数尤度の −2 倍はガンマ分布モデルとワイブル回帰モデルの値が最も小さいので，これらがより適合度の高いモデルであることがわかる。ただし，ワイブル回帰モデルと対数ロジスティック・モデルの値の差はごくわずかである。

　前述したように，あるモデルが別のモデルの特殊なケースであり，一方が他方の「入れ子」構造になっている場合，尤度比は二つのモデルの対数尤度に −2 を掛けた値の差になり，カイ二乗検定を行うことができる。すでに見たように，指数回帰モデルとワイブル回帰モデルをカイ二乗検定で比べると有意に異なっているが，ワイブル回帰モデルとガンマ分布モデルには有意な差がなく，あまり変わらない。しかし，ここではガンマ分布モデルと対数正規モデルの適合度を比較しよう。後者の対数尤度の −2 倍は 645.389，前者の値は 638.753 で，両者の差は 6.636 である。自由度が 1 のカイ二乗検定を行うと p 値は 0.01 であり，ガンマ分布モデルは対数正規モデルより有意に適合度が大きい。

　適合度の尺度として対数尤度の −2 倍を使う問題点の一つは，推定するパラメータの数が多くなると，それだけで適合度が高くなる傾向があることである。その特性を修正するために，表 3.2 に示されている AIC と BIC ではパラメータの数による影響を取り除いている。AIC（赤池情報量規準）は次のように計算される。

$$\text{AIC} = -2 \log L + 2k \tag{3.6}$$

ここで，$\log L$ は対数尤度，k はモデルにあるパラメータの数である。また，BIC（ベイズ情報量規準）は次のように計算される。

$$\text{BIC} = -2\log L + k\log n \qquad (3.7)$$

ここで n はサンプル数である。通常，$\log n$ は 2 よりかなり大きいので，BIC は AIC よりもより強くパラメータの数の影響を修正している。

対数正規モデル，対数ロジスティック・モデル，ワイブル回帰モデル，ゴンペルツ回帰モデルは推定するパラメータの数が同じなので，どの尺度を使ってもモデルの適合度は同じ順番になる。しかし，対数尤度の値が実質的に同じであっても，AIC と BIC を見てみるとワイブル回帰モデルよりもガンマ分布モデルの適合度が著しく悪いことは注目に値する。これは，ガンマ分布モデルは推定するパラメータが 1 つ多いことに由来する。

吟味した 6 つのモデルの中でワイブル回帰モデルは明らかに適合度が高く，対数ロジスティック・モデルは適合度が若干低くなっている。ワイブル回帰モデルのハザード率は単調増加，あるいは単調減少を仮定しており，ハザード率の変化の方向が変わらないにもかかわらず，適合度が高いのは驚くべき結果である。他方，対数ロジスティック・モデルは，ハザード率が最初に増加した後にピークに達し，その後は減少すると仮定している。それぞれのモデルが想定しているハザード関数のタイプを考察することにより，モデルがどう異なっているかをより理解することができる。

図 3.1 は Stata の stcurve コマンドで出力した結果であり，すべての独立変数を平均値にしたときのワイブル回帰モデルのハザード関数を示している。図 3.2 はすべての独立変数を平均値にしたときの対数ロジスティック・モデルのハザード関数である。研究対象とした 52 週間にわたってハザード関数の増加率は減少している一方で，両方のモデルでハザード率は増加曲線になっている。理論的には，対数ロジスティック・モデルのハザード関数の曲線は最終

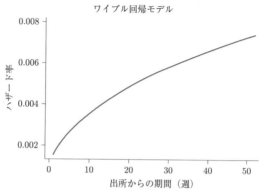

図 3.1　ワイブル回帰モデルのハザード関数

的には減少に転じるはずだが，データが利用可能な期間ではそれを
検討することはできない。

3.7　観察されない異質性の原因

　多くの理論では，ある事象のハザード率は時間の経過にともなっ
て増加または減少するはずであると考えられる。たとえば，ジョ
ブ・サーチ (job-search) 理論では，失業期間が長くなると再就職
できる可能性が高くなると仮定している。こうした仮説を検討す
るのには，前節で説明したモデル選択の方法は有益だが，時間がハ
ザード率に与える影響を検討する場合には十分な注意が必要であ
る。つまり，基本的な問題として，個体のハザード率が観察期間を
通して一定であったとしても，独立変数では説明しきれない個体間
の違いによってハザード率が時間の経過とともに「減少する」傾向
が見られることが知られている (Heckman & Singer, 1982)。

　直感的に言えば，ハザード率の高い個体は早い段階に事象を経験
し，リスク集合から抜けていく。時間が経つにつれてこのプロセス

対数ロジスティック・モデル

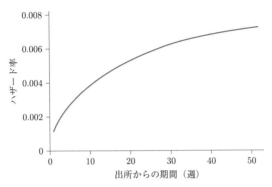

図3.2 対数ロジスティック・モデルのハザード関数

が繰り返され，ハザード率が低い個体だけがリスク集合に残り，事象を経験する可能性が低い個体だけでハザード率が推定されてしまう。要するに，ハザード率が時間の経過とともに本当に減少しているのか，それとも個体の異質性によってハザード率が減少しているのかを区別することは非常に難しい。他方，時間の経過とともにハザード率の増加が観察されたなら，少なくともサンプルのかなりの個体で実際にハザード率が時間とともに増加していると常に見なしてよい。

　個体の異質性の問題に対処する最も良い方法は，個体のハザード率に差異をもたらす要因を独立変数としてモデルに明示的に入れることである。しかし，そうしたすべての異質性の原因を測定して独立変数に含めることができると考えるのは現実的ではない。この問題を解決するために Heckman & Singer(1982) は観察されない異質性の原因を誤差項に含めるパラメトリックなハザードモデルを提案している。たとえば，ランダムな誤差項を持つワイブル回帰モデルを考えてみよう。

$$\log h(t) = b_0 + b_1 x_1 + b_2 x_2 + c \log t + e \tag{3.8}$$

ここで e はランダムな誤差項である。理論的には，このモデルの
推定では時間がハザード率に与える影響と観察されない異質性が
ハザード率に与える影響が区別されている。しかし，残念ながら，
通常，c や b の偏回帰係数の推定値は誤差項 e にどんな分布を仮
定するかによって大きく影響される。また，時間（たとえば，t や
$\log t$）をどんな関数にするかでも大きく変わってしまう。多くの統
計ソフトでは，異質性の原因を誤差項に含めるモデル（「**フレイル
ティ・モデル** (frailty model)」と呼ばれることが多い）を実行する
ことができるが，次の二つの場合を除いてこのモデルを使うのは勧
めない。つまり，(1) 第6章で説明するように分析対象が繰り返し
事象を経験する場合，あるいは (2) 分析対象を大きなグループに分
けることができ，同じグループに属する個体では e の値が同じであ
ると仮定できる場合である。このような二つのケースでは「**共用フ
レイルティ・モデル** (shared frailty model)」を用いると良い統計
的特性を持つモデルが推定できる。

3.8　なぜパラメトリックモデルを使うのか？

　次章では，コックスの比例ハザードモデルを検討する。この手法
は「イベント・ヒストリー」を持ったデータの回帰分析の最も一般
的なものである。後に見るように，コックスの比例ハザードモデル
には多くの魅力的な特徴がある。それなのに，なぜパラメトリック
モデルを使う必要があるのだろうか。コックスの比例ハザードモ
デルと比べてパラメトリックモデルには基本的に極めて優れてい
る点が二つある。一つ目は，パラメトリックモデルは「左側打ち切
り」と「区間打ち切り」を扱うのが容易な点である。「左側打ち切

り」とは個体がすでに事象を経験していることはわかっているが，いつ経験したかがわからない場合である。たとえば，ある女性が20歳までに結婚したことがわかっていても，何歳で結婚したかはわからない場合，その女性の結婚した年齢は「左側打ち切り」になる。「区間打ち切り」は事象が二つの時点の間（たとえば，20歳から30歳の間）に発生したことはわかっているが，その間のいつ発生したかが正確にはわからない場合である。コックスの比例ハザードモデルでは，「左側打ち切り」をうまく扱うことがまったくできない。また，コックスの比例ハザードモデルは分析対象の個体すべてが同じ間隔で観測されているような特殊な場合のみ「区間打ち切り」をうまく扱うことができる。したがって，これら二種類の打ち切りのいずれかがある場合，パラメトリックモデルは非常に魅力的な手法となる。

コックスの比例ハザードモデルがあまり得意でないもう一つの点は予測値を推測することである。その理由は次章で詳しく説明する。他方，パラメトリックモデルは予測値を推定することに優れている。原則的に，事象の発生までの予想時間，事象発生までの時間の中央値やその他の分位点，あるいは，事象の確率分布など，あらゆる種類の推定が可能である。したがって，事象が起きる時間の予測が必要な場合はパラメトリックモデルが適している。ただし，パラメトリックモデルの予測は実際に観測された期間から外挿的に予想した値に過ぎない危険性もある。外挿法による予測はモデルが正しく推定された場合には有益であるが，正しくモデルが推定されたかどうか確信できない場合も多くある。

次章で説明するように，つい最近まで，コックスの比例ハザードモデルの方が時間に依存する独立変数を扱うのに優れていた。かなりの統計ソフトのパッケージではパラメトリックモデルに時間依存変数を独立変数として用いることはできない。しかし，現在，少な

くとも二つのソフト，LIMDEP と Stata では時間依存変数を使っ
たパラメトリックモデルを推定することがコックスの比例ハザード
モデルと同じように簡単にできる。

第4章

コックス回帰モデル

　第3章で説明したパラメトリックな手法は、「イベント・ヒストリー」を持ったデータの分析に非常に有効であるが、同時に欠点もいくつかある。第一に、ある対象を分析する場合、どの分布のモデルが最も適切であるかを決めなければならず、それをうまく決めることがしばしば難しく、確信も持ちにくい。第二に、多くの統計ソフトではパラメトリックなモデルに時間依存変数を独立変数として使うことができない。

　1972年にイギリスの統計学者であるデイヴィッド・コックス (David Cox) は "Regression Analysis and Life Tables"（回帰分析と生命表）というタイトルの論文を発表し、これらの欠点をどちらも解決し、それ以来、コックスの「比例ハザードモデル」は非常に人気のある分析手法になった。

4.1　比例ハザードモデル

　一般的には「コックス回帰モデル」は「比例ハザードモデル」と呼ばれ、これまで説明してきたパラメトリックな比例ハザードモデルを一般化したものと言える。とりあえず、時間依存変数を持つモデルの説明は後回しにしよう。二つの時間依存しない変数を独立変数とする場合、コックス・モデルは次のように書くことができる。

$$\log h(t) = a(t) + b_1 x_1 + b_2 x_2 \qquad (4.1)$$

ここで $a(t)$ は時間の関数であり，どんな形でもよい。この関数を一定の形に決める必要がないので，コックス・モデルはしばしば「部分パラメトリック」あるいは「セミパラメトリック」なモデルと呼ばれる。ある時点で二つの個体のハザード率の比が一定であるので，コックス・モデルは「比例ハザードモデル」とも言われる。厳密に表現すると，任意の時点 t に対して，$h_i(t)/h_j(t) = c$ で，i と j は二つの異なる個体である。c は独立変数によって決まり，時間が経っても変化しない。比例ハザードモデルと呼ばれてはいるが，この特徴はコックス・モデルの重要な要素ではない。というのは，後で説明するように，コックス・モデルではハザード率の比が比例しないモデルに簡単に拡張することができるからである。

　第 3 章のパラメトリックな比例ハザードモデルがコックス・モデルの特殊なケースであることは簡単にわかる。$a(t)$ が定数の場合，このモデルは指数分布モデルになる。$a(t) = ct$ ならゴンペルツ回帰モデルであり，$a(t) = c \log t$ ならワイブル回帰モデルになる。ただし，時間の関数は他にも多くの形があるので，たとえば式 (4.2) のような 4 次の多項式にすることも可能である。

$$a(t) = a_0 + a_1 t + a_2 t^2 + a_3 t^3 + a_4 t^4 \qquad (4.2)$$

つまり，コックス・モデルの優れている点は，$a(t)$ はどんな形の関数でもよく，関数の形を気にする必要のないことである。

4.2　部分尤度法

　コックス・モデルは記述が簡単であるが，モデルを推定する適切な方法を見つけるのは容易ではない。コックスの最も重要な貢献は

「部分尤度法」と呼ばれる推定方法を提案したことであり，この推定法には通常の最尤推定法と似ている点がたくさんある。部分尤度法について，本書の付録 A で数学的な説明を詳細に書いているので，ここでは一般的な特徴を説明するに留める。この推定法は，比例ハザードモデルとデータを結びつける尤度関数を二つに分解することを基礎にしている。つまり，一つは偏回帰係数 b_1 と b_2 に関する情報だけを含む部分であり，もう一つは，b_1，b_2 と関数 $a(t)$ に関する情報を含む部分である。部分尤度は後者を無視し，前者だけを通常の尤度関数のように使ってパラメータを推定する。つまり，通常の数値計算のやり方で，部分的な尤度関数を極大化する b_1 および b_2 の値を推定する。

　部分尤度法の興味深い特徴は，正確な事象の発生時間ではなく事象の発生順序のみに規定されることである。これは，コックス・モデルの分析で時間の関数の形をいろいろと変えることで簡単に証明できる。事象が発生する時点と打ち切りの時点の順序が同じなら，時間の関数を変えてもまったく同じパラメータの推定値と標準誤差を得ることになる。たとえば，時間を二乗したり，対数変換したり，時間を整数倍したりしても，推定結果は変わらない。

　部分尤度法による推定値は，通常の最尤法の推定値が持っている三つの性質のうち二つを有している。それらは推定値の一致性（つまり，サンプル数が増えていくと漸近的に不偏になる）と（繰り返しのある事象のサンプルでも）標準誤差が正規分布に従うことである。ただし，推定値は効率性が十分でなく，通常の最尤法の推定値と比べてサンプルによる変動が大きい（真の標準誤差の値よりも大きくなる）。これは，事象が発生する正確な時間を無視して推定するため一部の情報が失われるからである。しかし，一般的には，効率性の低下はごくわずかであり，それほど気にする必要はない (Efron, 1977)。

　「コックス回帰」は，現在，部分尤度推定法を用いる比例ハザードモデルを示す名称として一般的に使用されている。「イベント・ヒストリー」を持ったデータの分析に対してコックスの研究が与えた影響はいくら誇張してもしすぎることはない。近年，彼の 1972 年の論文は世界中の科学研究の文献で年間 1,000 回近く引用されている。さらに，この論文をいちいち引用しない研究者も多くいるので，この数字はコックス回帰の引用数を大幅に過小評価している。こうした状況を考えると，コックス回帰は明らかに，「イベント・ヒストリー」を持ったデータの回帰モデルとして最もよく使われている方法である。事実上，ほとんどの主要な統計ソフトには，コックス回帰を行うためのコマンドやプログラムが実装されている。

4.3　再犯データの部分尤度法への応用

　第 3 章で分析した元服役囚の再犯データをコックス回帰で分析してみよう。指数回帰モデルとワイブル回帰モデルで使ったのと同じ独立変数の偏回帰係数を Stata の stcox コマンドと SAS の PHREG プロシージャによって部分尤度法で推定する。分析結果は表 4.1 のモデル 1 に示している。

　表 4.1 では，偏回帰係数の推定値と z 統計量は表 3.1 のワイブル回帰モデルで示されたものとほとんど同じである。これら二つのモデルは両方とも比例ハザードモデルであることを考えればこの結果は当然であるが，推定値がモデルによって極めて大きく異なる場合もある。指数変換された偏回帰係数 [Exp(b)] はハザード比として解釈することができる。たとえば，経済的支援のハザード比 0.684 は，支援を受けた元服役囚の再犯の可能性が支援を受けなかった元服役囚と比べて 32% 低いことを示している。同様に，前科の数が 1 回増えると，再犯の可能性が 9.5% 高くなる。

表 4.1　再犯についてのコックス・モデルの推定結果

独立変数	1 基本モデル			2 時間依存変数を含んだモデル			3 タイムラグを持った時間依存変数を含んだモデル		
	偏回帰係数	z統計量	Exp(b)	偏回帰係数	z統計量	Exp(b)	偏回帰係数	z統計量	Exp(b)
経済的支援[d]	−0.379	−1.98*	0.684	−0.356	−1.86	0.700	−0.351	−1.83	0.704
出所時の年齢	−0.057	−2.60**	0.944	−0.046	−2.12*	0.955	−0.050	−2.27*	0.952
人種[d]	0.314	1.02	1.369	0.339	1.09	1.403	0.322	1.04	1.379
就業経験[d]	−0.151	−0.71	0.860	−0.027	−0.13	0.973	−0.049	−0.23	0.952
配偶状態[d]	−0.433	−1.13	0.649	−0.293	−0.76	0.746	−0.344	−0.90	0.709
仮釈放[d]	−0.085	−0.43	0.918	−0.064	−0.33	0.938	−0.047	−0.24	0.954
前科の数	0.091	3.18**	1.095	0.085	2.93**	1.088	0.092	3.18**	1.096
就業状態[d]				−1.32	−5.28**	0.266	−0.782	−3.59**	0.457
対数尤度	−659.12			−641.54			−646.17		

* 5% 水準で統計的に有意
** 1% 水準で統計的に有意
[d] ダミー変数

　注意すべき点は回帰式に定数項がないことである。これはコックス回帰に固有の特徴で定数項は任意の時間の関数 $a(t)$ の一部に含まれるため部分尤度推定ではなくなってしまう。定数項がないのでコックス回帰は予測を行うのにはあまり向いていない。しかし，本章の後半ではコックス回帰で予測を行う方法を説明する。

4.4　時間に依存する独立変数

　コックスの比例ハザードモデルは，時間の経過とともに値が変化する独立変数（時間依存変数）を含むモデルへ簡単に拡張できる。二つの独立変数（一つは時間依存しない変数で，もう一つは時間依存変数）を含むモデルは以下のように表現できる。

$$\log h(t) = a(t) + b_1 x_1 + b_2 x_2(t) \tag{4.3}$$

以前示したのと同様に，$a(t)$ は任意に定式化された時間の関数である。このモデルは，時間依存変数 x_2 の値が時間 t で変化し，その値にハザード率が影響されることを意味している。しかし，独立変数の値の変化とその変化がハザード率に与える影響との間にタイムラグがあると考えられる場合があるかもしれない。たとえば，失業が離婚のリスクに及ぼす影響に分析の関心がある場合，失業と離婚リスクの間にタイムラグがあると仮定することもできる。（月単位で対象が観察されていて）予想されるタイムラグが 1 か月なら，このモデルは次のように修正される。

$$\log h(t) = a(t) + b_1 x_1 + b_2 x_2(t-1) \tag{4.4}$$

　タイムラグの有無に関係なく，時間に依存する独立変数（時間依存共変量とも呼ばれる）を含むモデルは前述した部分尤度法を使用して推定できる。部分尤度関数は時間依存変数があっても基本的に

同じだが，この尤度関数を極大化するためのアルゴリズムはかなり複雑である。さらに，すべての統計ソフトで時間依存変数の部分尤度推定が可能ではない。

時間依存変数をモデルに投入した再犯データの分析例を見てみよう。第1章で述べたように，分析するデータには観察された52週間において対象者が毎週，就業しているか，就業していないかを示す時間に依存する52個のダミー変数が含まれている。式 (4.3) のモデルを推定すると，t 週目に元服役囚が再犯で逮捕されるハザード率がその週の就業状態に影響されるかを吟味できる。次節では，この分析方法の技術的な側面を詳細に説明するが，ここでは，まず表 4.1 のモデル 2 の結果を見てみよう。

これまでの分析で回帰モデルに含まれていた独立変数の効果はモデル 1 とモデル 2 で非常によく似ている。独立変数の効果の最も重要な違いは，経済的支援の p 値がモデル 1 では 5% 水準で有意であったのがモデル 2 では有意でなくなった点である。次に大きな違いは，モデル 2 では就業状態を示す変数が効果の大きさでも，統計的有意性においても，最も影響力のある変数になった点である。この変数のハザード比は 0.266 であり，ある週に就業している元服役囚の再犯の可能性は就業していない元服役囚と比べて 73% 低いことを意味している。同様に，就業していない元服役囚が再犯を犯すハザード率は就業している元服役囚のハザード率のほぼ 4 倍と言ってもよい。

ただし，問題が一つあって，就業状態が再犯に影響を与えるのか，再犯が就業状態に影響を与えるのか，このモデルではわからない。ある元服役囚が週のはじめに再犯で逮捕されると，週の残りの日をフルタイムで就業できるかどうかに大きな影響を与える可能性がある。この問題を回避するには，就業状態に 1 週間のタイムラグを持たせてモデルに入れればよい。たとえば，15 週目に再犯

で逮捕されても 14 週目の就業状態に影響を与える可能性はない。
表 4.1 のモデル 3 は就業状態の変数に 1 週間のタイムラグを入れて
推定した結果である。就業状態の効果の大きさは大幅に減少する
が，独立変数の中で z 統計量の値が最も大きくなっている。モデ
ル 3 の結果によれば，ある週に就業していると，（翌週に）再犯で
逮捕される可能性が半分になる。就業状態が持っている「真の」因
果効果は，おそらくモデル 2 とモデル 3 の推定値の中間ぐらいだ
ろうが，タイムラグ変数を持ったモデル 3 を検討することで再犯
が就業状態に影響する可能性を排除することができる。

4.5 時間に依存する独立変数を含んだモデル

これまで時間に依存する独立変数を含んだコックス・モデルの分
析例を見てきたので，本節では実際に分析を実行する際の技術的な
側面について詳しく見てみよう。一般的に，このモデルを実行する
にはデータの準備とソフトウェアのプログラミングがかなり複雑に
なるので，ミスが起こりやすく細心の注意が必要である。

時間に依存する独立変数を扱う上で重要なことは，この変数がど
のぐらいの時間の間隔で測定されているかと関係がある。厳密に
言うと，このモデルの推定には，ある時点である事象が発生した場
合，その時点で事象を経験する可能性のあるすべての個体の時間依
存変数の値がわかっている必要がある。したがって，時点 $t = 10$
で事象が発生し，その時点で 15 人の個体がその事象を経験する可
能性がある場合，15 人すべての個体について時点 $t = 10$ の時間依
存変数の値が既知でなければならない。残念ながら，通常，事象が
いつ発生するのか，そして，どの個体がその事象を経験するリスク
集合に属しているかを事前に知ることは不可能なので，結局，すべ
ての観察対象についてすべての時点での時間依存変数の値を知る必

要がある。

　実際には，時間に依存する独立変数は一定の間隔で繰り返し測定されることが多い。前述した例では，観察対象の毎週の就業状態を観測している。再犯データの分析では逮捕のタイミングも週単位で観測されているので問題はない。問題が生じるのは，時間依存変数を測定する間隔よりも事象が発生するタイミングがより短い間隔で測定されている場合である。たとえば，事象の発生が日単位で測定されているが，時間に依存する独立変数の値が月単位で測定され毎月のはじめにしかわからない場合には問題が生じる。たとえば，5月17日に事象が発生した場合，その事象を経験する可能性のあるすべての個体に関して，その日の独立変数の正確な値が必要だが，5月1日と6月1日の独立変数の値しかわからなければ問題が生じる。

　このような場合，特定の方法で事象が発生した時点の独立変数の値を「補間して代入する」必要がある。一つの方法は事象が発生した時点に最も近い値を使用することである。あるいは，事象が発生した前後の値で線形補間した値を使用することも可能である。しかし，これらの方法はどちらも，事象が発生した後の情報を利用すると因果関係の方向が逆になる可能が高くなる。これが懸念される場合，最も安全な方法は事象が発生する直前に観測された値を使用することである。これは，「最後に観測された値で補間する方法」と言われる。

　補間によって必要な代入が行われたなら，次に分析のためにデータをどのように加工するかを決める必要がある。時間に依存する独立変数を持つモデルでは，実際には二つの非常に異なる方法でデータを加工して，モデルを推定する。つまり，「**エピソード分割法** (episode splitting method)」と「**プログラミング・ステートメント法** (programming statements method)」である。多くの統計

ソフトでは，これら二つの方法のいずれかを使用している。たとえば，Stata と R はエピソード分割法のみを使用しているが，SPSS はプログラミング・ステートメント法のみを使用する。SAS はオプションによってどちらの方法も使えるようになっている。

プログラミング・ステートメント法　この方法を使用するには，データはワイド形式[1]である必要がある。つまり，個体一つひとつにレコード（データの行）が一つだけ存在している。この形式では，時間依存変数の値がそれぞれの個体のレコードに複数の変数の値として入力されている。たとえば，ワイド形式の再犯データには432人分のレコードがあり，一人ひとりに52週の観察期間に対応する52個のダミー変数があり，毎週の就業状態が入力されている。

---

[1]訳注：データセットが横に広がっている場合を「ワイド形式」，縦に伸びている場合を「ロング形式」と呼ぶ，例えば，一郎，二郎，三郎が数学の試験を3回受験したとする。「ワイド形式」のデータなら以下のようになる。

名前	第1回目の得点	第2回目の得点	第3回目の得点
一郎	76	61	55
二郎	54	78	90
三郎	90	85	90

「ロング形式」のデータなら以下のようになる。

名前	試験の回数	得点
一郎	第1回目	76
一郎	第2回目	61
一郎	第3回目	55
二郎	第1回目	54
二郎	第2回目	78
二郎	第3回目	90
三郎	第1回目	90
三郎	第2回目	85
三郎	第3回目	90

　実際に，コックス回帰を実行するには一つの時間依存変数は一つ
の独立変数として扱う必要がある。したがって，モデルを指定した
後，ワイド形式のデータで複数の変数として入力されている時間依
存変数を一つの変数に変換するプログラムやアルゴリズムを指定
する必要がある。この変換は部分尤度の関数を構築するときに行わ
れる必要があり，コックス・モデルの推定を実行する前に行うこと
はできない。残念ながら，統計ソフトごとに異なるプログラミング
のコマンドとシンタックスがあるので，プログラミング・ステート
メント法に関する一般的なやり方を示すことは難しい。ここでは，
表4.1のモデル2の結果を出力させるSASのプログラムを以下に
例示する。

```
proc phreg data=recid; model week*arrest(0)=fin age race
  wexp mar paro prio work;
array wrk(*)w1-w52;
work = wrk[week];
```

SASでコックス回帰を実行するためのプロシージャ(proc)は
phregであり，「比例ハザード回帰」を意味している。modelコマ
ンドに書かれているworkは元のデータにない新しい変数で，SAS
は新しい変数を定義するプログラムを見つけようとする。プログ
ラムの3行目からはSASが新しい変数を定義するプログラムで
ある。最初のarray以下の行のプログラムでは52個のダミー変数
w1-w52からつくられるwrkという変数を定義している。arrayは
順序を持った変数を作成するコマンドですでにデータにある変数
w1からw52の値を1番目から52番目まで順に割り当てる。そし
て，その値をarrayの後に指定された変数名wrkと括弧内の「イ
ンデックス（あるいは変数）」によって参照することができるよう
にする。次の行のプログラムは変数weekの値に対応するダミー変

数の値を変数 work に割り当てている。たとえば，week の値が 10 の場合，変数 w10 の値が変数 work に割り当てられる。week の値が 38 の場合，変数 w38 の値が work に割り当てられる。この行にある変数 week は，各個体が再逮捕された週，あるいは，打ち切りを経験した週を示す時間の長さの変数としてではなく，時間依存変数を含んだ部分尤度関数を定義するために使われることに注意する必要がある。つまり，ある元服役囚が 38 週目に再犯で逮捕された場合，38 週目に再逮捕される可能性のあるすべての個体の w38 の値を変数 work に割り当てるために使われている。

エピソード分割法　この方法は「カウント・プロセス法」とも呼ばれる。この方法のデータはロング形式でつくられ，一つひとつの個体が複数のレコード（データの行）を持っている。具体的に言うと，独立変数の値が変化しない期間を一つのレコードにしている。したがって，独立変数の値が変化すると，それまでのレコードが終了し，新しいレコードがつくられる。一つひとつのレコードには，一つの対象を観察し始めた時点と観察を終了した時点を記録する必要がある。個々のレコードは事象が発生しなかった場合は打ち切りとして扱われ，事象が発生した場合は打ち切りなしとして扱われる。

　データがロング形式でつくられている場合，時間依存変数と時間依存しない変数を同じように扱うことができる。これは，一つのレコードでは変数の値が一定だからである。「エピソード分割法」は「プログラミング・ステートメント法」と大きく異なる点が一つある。それは，一つひとつレコードに事象が発生した時点を記録している変数に加えて，そのレコードをつくり始めた時点を示す変数も含まれている点である。もちろん，これを行う方法は統計ソフトで異なっている。

　さらに注意してほしいのは，通常，エピソード分割法では独立変数の値が変化するたびにレコードを分ける。しかし，独立変数の値が変化するかしかないかにかかわらず，小さな時間の間隔のレコードにデータを分けてもよい。小さな間隔のレコードにデータを細かく分割しても分析結果はまったく同じである。多くの場合，値が変化するごとにレコードを分けるプログラムを作成するよりも，データを可能な限り最小の時間間隔に分割するプログラムをつくる方がはるかに簡単である。たとえば，再犯のデータの場合，分析対象の観察期間として出所してから最初の再逮捕までの（あるいは，打ち切りが起きるまでの）時間を1週ごとのレコードに分割する。これによって，432人の元服役囚に関して19,809「人週」のレコードをもつデータがつくられる。各レコードでは，変数 start はレコードの開始時点，変数 stop はレコードの終了時点を示している。

　このデータがどんな構造になっているかがよくわかるように，表4.2では再犯で逮捕された2人の元服役囚の13個のレコードを示している。表4.2ではいくつかの時間依存しない変数を省略している。ID番号339は9週目に再犯で逮捕されたのでデータに9つのレコードが存在している。ID番号339は1週目から6週目まではフルタイム (work) で働いていなかったが，7週目から9週目までは働いていた。ID番号417は18歳で4週目に再逮捕されたが，出所してから逮捕されるまでの4週間は就業しておらず，経済的支援 (fin) も受けていなかった。

　Stata で表4.1のモデル2を実行するプログラムは次のとおりである。

```
stset stop, failure(arrest==1) time0(start)
stcox fin age race wexp mar paro prio educ work
```

表 4.2　エピソード分割法によるデータの例

id	stop	start	arrest	work	fin	age
339	1	0	0	0	1	26
339	2	1	0	0	1	26
339	3	2	0	0	1	26
339	4	3	0	0	1	26
339	5	4	0	0	1	26
339	6	5	0	0	1	26
339	7	6	0	1	1	26
339	8	7	0	1	1	26
339	9	8	1	1	1	26
417	1	0	0	0	0	18
417	2	1	0	0	0	18
417	3	2	0	0	0	18
417	4	3	1	0	0	18

stset コマンドは，変数 stop がレコードの終了時点，変数 start がレコードの開始時点であることを指定している。さらに，変数 arrest が事象の発生を示す変数であり，値が 1 の場合に事象が発生したことを意味している。stcox コマンドは，独立変数を指定してコックス回帰を実行することを Stata に指示している。

二つの方法の長所と短所　適切に実行された場合，「プログラミング・ステートメント法」と「エピソード分割法」の結果はまったく同じになる。また，何らかの統計ソフトを使って分析する場合，SAS を用いない限り，二つの方法のどちらかを選択するオプションは用意されていない。いろいろ考えると，いくつかの理由で「エピソード分割法」が好ましい。というのは，「エピソード分割法」は

- より直感的である。

- データを作成するときに，一回だけプログラムを書けばよい。プログラミング・ステートメント法ではコックス回帰ごとにレコードを作成するプログラムを書く必要がある。

- データを加工する際に，間違いを見つけて修正するのが簡単である。プログラミング・ステートメント法では正しくプログラムが書かれデータが適切につくられたか，直接見ることができない。他方，エピソード分割法では，ロング形式のデータを注意深く調べてミスがないか確認できる。

- 作業を分担するのに適している。プログラムを書くのが得意な人にロング形式のデータをつくってもらい，データの分析者はつくられたデータを簡単なコマンドで分析できる。

- エピソード分割法では統計モデルを診断する多くの手法を使うことができるが，プログラミング・ステートメント法では使うことができない。

エピソード分割法の主な欠点は，ロング形式のデータをつくるのに必要なプログラムがプログラミング・ステートメント法のプログラムよりも，かなり複雑になることである。しかし，すでに述べたように，ロング形式のデータをつくるのに必要なプログラムは，一度だけ実行すればよい。

　エピソード分割法で必要とされるデータは，第2章で説明した離散時間モデルに使用されるデータと非常によく似ている。実際，二つの分析方法で同じデータを分析することがよくある。第2章で離散時間モデルについて述べたことはこの分析手法にも当てはまる。つまり，データには個体ごとに複数のレコードがあるにもかかわらず，個体間の非独立性を修正するために特別な方法を使う必要がない。要するに，標準誤差の頑強推定，変量効果モデル，一般化推定式 (GEE)，あるいは，固定効果モデルを使う必要がない。

4.6　比例ハザード性の仮定の検討と修正

　多くの分析者にとって気にかかる点は，ある時点で二つの個体の
ハザード率の比が一定である「比例ハザード性」の仮定をデータが
満たしていないのではないかという心配である。この懸念に対して
は，比例ハザード性の仮定の妥当性を検討し，妥当しない場合には
比例ハザード性を仮定しないモデルを使うことで対処できる。ただ
し，これらの方法を説明する前に，比例ハザード性の仮定の妥当性
が危惧される極端な例について，まず考えてみよう。コックス回帰
は比例ハザード性を強く仮定していないように拡張することも可能
である。すでに見たように，コックス回帰は前章のパラメトリック
モデルよりも制約が少なくなっている。実際，コックス回帰がよく
使われる理由の一つはこれである。たとえ，比例ハザード性の仮定
が妥当しなくても，多くの場合，近似的な分析モデルとしては十分
に使用に耐えうる。モデルの定式化の失敗 (misspecification) が懸
念されるなら，独立変数の欠落，測定誤差，あるいは，ランダムで
ない打ち切りの可能性を検討することも必要である。

　こうした点も考慮しつつ比例ハザード性の仮定について説明す
る。まず，ハザード率が比例しないとはどういうことだろうか？
比例ハザード性の仮定の最も重要な点は，（ハザード率の対数に対
して）それぞれの独立変数の影響がすべての時点で同じであること
である。したがって，ハザード率が比例しない主な理由は時間と独
立変数に交互作用が存在することである。たとえば，

$$\log h(t) = a(t) + bx + cxt \tag{4.5}$$

このモデルは，x と t の交互作用項が独立変数に入っている点が通
常のモデルと異なっている。偏回帰係数 c が正の場合，独立変数 x
がハザード率に与える効果は時間とともに直線的に増加する。し

表 4.3 シェーンフィールド残差による比例ハザード性の検定

	相関係数	カイ二乗値	自由度	p 値
経済的支援	0.04	0.21	1	0.648
出所時の年齢	−0.27	11.68	1	0.001
人種	−0.11	1.42	1	0.233
就業経験	0.21	6.06	1	0.014
配偶状態	0.06	0.49	1	0.483
仮釈放	−0.04	0.15	1	0.698
前科の数	−0.00	0.00	1	0.988
就業状態	0.04	0.18	1	0.668
包括的検定		17.13	8	0.029

たがって，独立変数のハザード率への影響が時点によって異なる場合，ハザード率は比例しない。

比例ハザード性の仮定を検討する方法はいくつかあるが，最も簡単なものは**シェーンフィールド残差** (Schoenfeld residuals) を用いる方法で，コックス回帰が可能な多くの統計ソフトで実行することができる。この残差の定義は難解であるが，イベント・ヒストリー・データの独立変数一つひとつに対して計算される (Schoenfeld, 1982)。もし，ハザード率が本当に比例しているなら，シェーンフィールド残差は時間，あるいは，時間の関数と相関がない。

この方法を表 4.1 のモデル 2 に適用してみる。Stata では estat phtest, detail というコマンドで表 4.3 の結果を出力させることができる。表 4.3 の最初の列には，独立変数のシェーンフィールド残差と 114 名の元服役囚が再逮捕された週との（ピアソンの）相関係数が示されている。その次に「相関係数が 0 である」という帰無仮説を一つひとつの相関係数ごとにカイ二乗検定した結果と p 値が示されている。ほとんどの独立変数について p 値は大きく，比例ハザード性の仮定が満たされていないとはいえない。しかし，

出所時の年齢と就業経験の二つの変数では p 値が 0.05 よりかなり小さく，これらの変数は比例ハザード性の仮定を満たしていない可能性がある。つまり，これらの変数がハザード率に与える影響は 1 年間で異なっている可能性が示唆されている。表の一番下には，すべての相関係数が 0 であるという包括的検定 (global test) の結果が示されており，この場合は 3% の水準で有意である。とは言え，本当に知りたいのは，それぞれの独立変数について比例ハザード性の仮定が満たされているかどうかであり，この包括的検定はあまり重要でない。

　比例ハザード性の仮定が満たされるには，あらゆる時間の関数とシェーンフィールド残差も無相関でなければならないので，時間それ自体だけでなく時間の関数とも無相関であることを検討する必要がある。Stata には，時間の対数，時間の順位，および，事象が発生した時間の累積分布関数の推定値との相関係数を出力させるオプションがある。それらすべての相関係数を出力してみても，その結果は表 4.3 と基本的に同じであった。

　比例ハザード性の仮定が満たされていないことがわかった場合，仮定が満たされていないことを無視してしまうという選択が考えられるかもしれない。つまり，表 4.1 のモデル 2 の偏回帰係数は，1 年間を通じて出所時の年齢と就業経験がハザード率に与えるおおまかな影響の大きさは知ることができる。けれども，出所時の年齢（偏回帰係数 −0.046）は十分な有意水準であるが，就業経験は十分な有意水準でない。これはシェーンフィールド残差を用いた検定で示されたように時間と就業経験に強い交互作用があるからである。つまり，就業経験が 1 年間の観察期間のある期間では正の効果を持ち，残りの期間では負の効果を持つために，お互いが打ち消し合ってしまって偏回帰係数が有意にならない可能性が考えられる。

　比例ハザード性の仮定が妥当しない場合の解決策の一つは，仮定を満たさない独立変数と時間の交互作用項を含んだ式 (4.5) のようなモデルを推定することである。独立変数と時間の交互作用項はそれ自体が時間依存変数であり，すでに説明した方法を用いてこうした変数をモデルに含めることができる。統計ソフトでプログラミング・ステートメント法を用いて式 (4.5) のようなモデルを推定するのは一般的に簡単だが，エピソード分割法を用いて行う場合は少々注意が必要である。すでに説明したSASプログラムを修正して，時間と年齢の交互作用項，時間と就業経験の交互作用項をモデルに含める方法を，プログラミング・ステートメント法の例として，以下に示す。

```
proc phreg data=recid;
model week*arrest(0)=fin age race wexp mar paro prio work
  ageweek wexpweek;
array wrk(*)w1-w52;
work = wrk[week];
agetime = age*week;
wexptime = wexp*week;
```

　エピソード分割法では一つひとつのレコードは時間の連続的な変化に対応する形式になっているが，独立変数の値は必ずしも連続的に変化しない場合があることに注意する必要がある。再犯データのように，比較的短い，同じサイズの時間間隔のレコードにデータを分割すると，いくつかの統計ソフトではエピソード分割法をうまく実行することができる。つまり，分割された一つの間隔では時間の長さが同じと考えて，時間の起点の値と独立変数の交互作用項を新しい変数として作成する。Stata では，時間との交互作用項をつくるための優れたオプション・コマンドが用意されていて，これはプログラミング・ステートメント法と似たやり方を採用してい

表 4.4　「時間との交互作用項を持ったモデル」と「層化モデル」によるコックス回帰の結果

独立変数	時間との交互作用モデル			層化モデル		
	偏回帰係数	z 統計量	$Exp(b)$	偏回帰係数	z 統計量	$Exp(b)$
経済的支援	−0.361	−1.89	0.697	−0.358	−1.87	0.699
出所時の年齢	0.085	2.09*	1.089	−0.047	−2.17	0.954
人種	0.305	0.99	1.357	0.342	1.10	1.407
就業経験	−1.206	−2.50**	0.299	—	—	—
配偶状態	0.233	−0.61	0.792	−0.301	−0.79	0.740
仮釈放	−0.064	−0.33	0.938	−0.063	−0.32	0.939
前科の数	0.080	2.78**	1.084	0.084	2.88	1.087
就業状態	−1.314	−5.23**	0.269	−1.324	−5.28	0.266
出所時の年齢 × 週	−0.005	−3.29**	0.995			
就業経験 × 週	0.041	2.83**	1.042			

* 5% 水準で統計的に有意
** 1% 水準で統計的に有意

る。また，このオプション・コマンドは時間依存変数がなく，分析対象の個体が一つのレコードしか持たない場合にも使用することができる。このオプション・コマンドでは stcox コマンドにつける tvc（時間依存共変量あるいは時間依存変数）であり，時間と独立変数の交互作用項を作成してモデルに含めることができる。以下のプログラムは，再犯のデータに対してこのオプション・コマンドを実行する方法を示している。

```
stset stop, failure(arrest==1) time0(start)
stcox fin age race wexp mar paro prio work, tvc(age wexp)
```

表 4.4 に示したように SAS プログラムと Stata プログラムの出力結果は同じである。

表 4.4 の最後の 2 行を見ると，時間と出所時の年齢の交互作用項，時間と就業経験の交互作用項が極めて有意であり，シェーンフィールド残差を用いた検定の結果とも整合的である。これらの交互

作用項の検定はシェーンフィールド残差を用いた検定よりも決定的な結果を示している。しかし，交互作用項を含めたモデルの本当の素晴らしさは，比例ハザード性の診断と同時に，比例ハザード性が妥当しないモデルの修正が可能な点である。これにより出所時の年齢と就業経験に比例ハザード性を仮定しないコックス・モデルが可能になる。

これらの交互作用項の意味を解釈することは少々複雑に見えるが，一般化線形モデルにおいて交互作用項を解釈するのと実質的な違いはない。交互作用項の解釈は，式 (4.5) を式 (4.6) のように書き換えるとわかりやすい。

$$\log h(t) = a(t) + (b + ct)x \tag{4.6}$$

式 (4.6) は，独立変数 x の「効果」が時間の線形関数であることを示している。つまり，b は t が 0 の時点での x の効果を表し，c は時間が 1 単位増加したときの x の効果を意味している。

この方法を再犯データの例に用いると，出所時の年齢 (0.085) と就業経験 (−1.206) の「主効果」は，元服役囚が出所した場合のこれら二つの変数の影響を示している。これらの偏回帰係数はどちらも統計的に有意である。これらの変数の指数変換した偏回帰係数 [Exp(b)] をみると，出所時の年齢が 1 歳増えると再犯で逮捕されるハザード比が 9% 増加し，就業経験のある元服役囚のハザード比は就業経験のない元服役囚のハザード比より 70% 低くなっている。

交互作用項の偏回帰係数は，観察期間中に 1 週間経つにつれて，年齢と就業経験の影響がどう変化するかを示している。年齢については 1 週ごとに 0.005 低下し，就業経験は 1 週ごとに 0.042 増大する。これらの値はわずかな変化に見えるかもしれないが，表 4.5 に示すように合計してみると，その大きさがすぐわかる。出所時の年齢は当初，正の効果を持っているが，20 週目までに効果が負に

表 **4.5** 出所時の年齢と就業経験の効果の時間による変化

出所してからの時間(週)	出所時の年齢		就業経験	
	偏回帰係数	Exp(b)	偏回帰係数	Exp(b)
0	0.085	1.089	−1.206	0.299
10	0.035	1.036	−0.796	0.451
20	−0.015	0.985	−0.386	0.680
30	−0.065	0.937	0.024	1.024
40	−0.115	0.891	0.434	1.543
50	−0.165	0.847	0.844	2.326

なる。そして，50週目には再犯で逮捕される可能性は年齢が1歳増えると15%減少する。就業経験は，はじめは負の効果であるが，後になるとは正の効果になる。50週目では就業経験のある元服役囚が再逮捕されるハザード率は，就業経験のない元服役囚の2倍以上になる。

比例ハザード性を満たさない場合に交互作用項を使用する方法の欠点の一つは，交互作用項をパラメトリックな特定の形で定式化する必要があることである。これまで，時間と独立変数は一次の線形関係にあると仮定してきたが，この仮定が必ずしも正しいわけではない。たとえば，一次の線形関係の代わりに，就業経験と対数変換した時間の交互作用項をモデルに含めることもできる。あるいは，就業経験と時間の交互作用項および就業経験と時間の二乗の交互作用項の二つをモデルに含めることも可能である。さらに，観察期間を二つに分け，前半と後半で独立変数が異なるように定式化してもかまわない。

比例ハザード性を満たさない場合の対処法としては，交互作用項をパラメトリックな特定の形で定式化するのとは異なった「**層化**(stratification)」と呼ばれる方法がある。これは主に，就業経験のような二値変数が比例ハザード性を満たさない場合に役立つ。これ

を行うには，就業経験がある元服役囚のモデルと就業経験のない元
服役囚のモデルの二つを推定する。

$$就業経験あり：\log h(t) = a_1(t) + b_1 x_1 + b_2 x_2 + \cdots$$
$$就業経験なし：\log h(t) = a_2(t) + b_1 x_1 + b_2 x_2 + \cdots \tag{4.7}$$

式 (4.7) の二つのモデルは，同じ偏回帰係数 b を持っているが，
（特定化されていない）時間の関数の形が異なる。時間 t における
就業経験の効果は $a_1(t) - a_2(t)$ であり，いかなる制約も比例ハザ
ード性について仮定していない。

　偏回帰係数 b を推定する部分尤度関数は簡単につくることができ
極大化も可能である。統計ソフトでは，就業経験のある元服役囚の
部分尤度関数と就業経験のない元服役囚の部分尤度関数の積がつく
られ極大化される。事実上，すべての統計ソフトでコックス回帰の
オプションとして，この「層化」法が実行できる。

　表 4.4 の二つ目の「層化モデル」は就業経験によって層別化した
再犯データの分析結果を示している。この表で最も印象的なのは，
就業経験の偏回帰係数がないことである。ある独立変数で層化す
ると，その変数の非比例ハザード性の影響をコントロールすること
はできるが，その変数の偏回帰係数の推定値は得られない。「層化」
によって変数をコントロールする長所は，その独立変数に比例ハザ
ード性を仮定しないことである。他の独立変数の推定値の違いを検
討するには，表 4.4 の「層化モデル」の結果と表 4.1 のモデル 2 の
結果を比べる必要がある。表 4.1 のモデル 2 の結果は就業経験の影
響を「層化」してコントロールするのではなく，独立変数としてモ
デルに含めている。この例では，二つの分析結果の違いはわずかな
ものである。しかし，他の例ではより大きな違いが生じる可能性も
ある。

4.7　観測期間の選択

　これまで，対象の観測を開始する時点を暗黙のうちに仮定して説明してきた。観測の開始時点はパラメトリック回帰モデルにもセミパラメトリック回帰モデルにも関連するが，比例ハザードモデルではより幅広い選択が可能であるため，今まで検討してこなかった。再犯データの例では観測時間は比較的明確であった。刑務所から出所した日を観測の起点とすることは，再犯で逮捕されるまでの期間を計測するには自然な方法である。同様に，離婚リスクのモデルを推定するなら，結婚した日時は離婚までの期間を測定する起点としては自然である。

　しかし，観測時間の起点がそれほど明確でない場合が多くある。さらに，一見すると単純な場合でも，観測時間の単位についていろいろな考え方がありうる。たとえば，再犯について比例ハザードモデルで分析する場合，ハザード率を出所してからの時間ではなく，個人の年齢または暦上の時間とすることも可能である。年齢や暦上の時間は離婚リスクを分析する際にも使用可能である。

　これらのモデルを部分尤度法で推定することは難しくないが，妥当な観測時間の単位を選択することは難しい。この問題は実質的な意味を考慮して選ぶ必要がある。つまり，ハザード率が年齢に強く依存しているが他の時間単位にあまり依存していないことがわかっている場合，観察時間の単位を年齢とするのがおそらく最適である。あるいは，ハザード率が歴史的状況によって大きく変化して，この状況が観察対象すべてに影響を与えるなら，暦を観測に用いる時間の単位とするのが最も適している。

　理論的には，ハザード率が二つ以上の時間に依存する比例ハザードモデルを定式化し推定することも可能である。しかし，実際，これには非常に大きなサンプルサイズ，あるいは Tuma (1982) が述

べているような特殊な条件が必要である。この方法が不可能な場合には，異なる時間を独立変数としてモデルに明示的に含めるのが妥当である。たとえば，離婚のリスクが結婚継続期間とともに変化する比例ハザードモデルを推定する場合，独立変数として暦上の年次，夫の年齢，妻の年齢を独立変数として加えることができる。そして，これらの変数のいずれかが（ハザード率の対数に対して）非線形の影響を与えるなら，その変数を時間依存変数として扱う必要がある。しかし，これらの変数の影響が（ハザード率の対数に対して）線形であるなら，観測の起点からの期間は主要な時間（この場合は結婚してからの経過期間）だけを用いれば十分である。これらの点についての詳細は，Allison (2010, Chapter 5) を参照してほしい。

4.8　離散時間によるコックス回帰

　部分尤度法では時間は連続量として測定されるので二つの事象がまったく同時に発生することはないと仮定している。しかし実際には，時間をどんなに小さい単位で測定しても離散量であることは変わらないし，データには 2 つ以上の個体が同時に事象を経験する「同順位 (ties)」が多く含まれている。したがって，週単位で事象の発生時間を測定した再犯の例でも 2 人以上の元服役囚が同じ週に再犯で逮捕されたケースが多く見られた。

　同順位のあるデータを分析するには，モデルと推定法の両方を変える必要がある。モデルについては第 2 章で説明した離散時間モデルを使って式 (2.2) のロジスティック回帰モデル，あるいは，式 (2.4) の補対数対数モデルのいずれかで分析できる。第 2 章で説明したように，補対数対数モデルはハザード率が従属変数であり連続時間のコックス・モデルとうまく対応している点が魅力である。

　ロジスティック回帰モデルは部分尤度法で推定することもできるが、特に同順位の数と個体の数が多い場合は、推定値の計算に必要とされる時間とメモリの量が膨大になる可能性がある。補対数対数モデルの場合には周辺最尤法が適切な推定方法であるが、推定値の計算が極めて大変になる。これらの二つの推定方法の計算アルゴリズムは近年大幅に改善されており、一部の統計ソフトのパッケージ（特に、SAS、Stata や R の coxph 関数）ではこれらの推定を実行可能にするオプションがある。ただし、これらの計算方法は同順位の数が多い大規模なデータに対して使用することは依然として現実的でない。

　こうした計算上の問題を回避するために、さまざまな近似計算の方法が提案されており、その中で最も広く使用されているのはBreslow (1974) の方法である。Breslow の方法はほとんどのコックス回帰では標準的に用いられていて、補対数対数モデルでは周辺尤度の近似値を使用する。同順位のデータがない場合、Breslow の方法は連続時間データに用いる通常の部分尤度推定と同じになる。

　しかし、事象がさまざまな時点で同時に多く発生し、その数が事象を経験する可能性のある個体の数と比べてかなり多い場合、Breslow の方法の計算値は不正確になる可能性がある。たとえば事象の同時発生数がリスク集合の個体の 15% 以上では注意が必要である (Farewell & Prentice, 1980)。幸い、多くの統計ソフト（SAS および Stata など）では、はるかに優れた近似法 (Efron, 1977) をオプションとして使うことができる。Efron の近似法は Breslow の近似法よりもわずかに多くの計算時間しか必要とせず、デフォルトの近似法としても用いられている（実際、R の survival パッケージではそうなっている）。もちろん、第2章で説明した離散時間モデルの最尤法を使用することもできる。この方法は大きなサンプルで「同順位」が多いデータに対して近似法を使わずに分析すること

ができる。

　再犯のデータには確かに同順位が存在するが，再犯の同順位の数はある週に再犯を犯す可能性のある元服役囚の数のごく一部にすぎない。最も大きかったのは，330人のリスク集合で5人が再犯で逮捕された50週目で割合は0.0152であった。したがって，部分尤度，周辺尤度，Breslowの方法，Efronの方法のいずれを使っても推定値に差はほとんどない。他方，第2章の准教授の昇進のデータではリスク集合の15%を超える同順位が観測されている年が10個のうち6個にのぼり，同順位データを処理する際にどの方法を用いるかによって推定結果に大きな違いが生じる。

4.9　コックス・モデルによる予測

　事象がいつ発生するかを予測するためにイベント・ヒストリー分析を使いたいと考える人はたくさんいる。第3章で説明したようにパラメトリックモデルで予測を行うのは非常に簡単であるが，特に観測期間の範囲外について外挿的に行う場合，予測値の信頼性はそれほど高くない場合がある。コックス回帰モデルを使う予測は何が得られるかという点でははるかに限定的であるが，外挿法による予測が陥りやすい危険を免れている。

　ほとんどの統計ソフトでコックス回帰を使って得られるものは生存関数の推測値であり，実際に対象が観測された時間の範囲だけで妥当するものである。この生存関数は独立変数に値を指定すると得ることができ，この値は実際に観測された値であっても，完全に仮定の値でもよい。たとえば，時間依存変数のない表4.1のモデル1を見てみよう。ある個体の独立変数に次のような値を仮定してみる。つまり，この元服役囚は経済的支援を受け，出所時の年齢は21歳，黒人で未婚，仮釈放として出所し，就業経験があり，過

表 4.6　生存関数の推定値

出所してからの時間（週）	生存確率	95% の信頼区間	
0	1.00000	—	—
5	0.98915	0.97883	0.99957
10	0.96738	0.94705	0.98814
15	0.94512	0.91602	0.97515
20	0.91122	0.86994	0.95446
25	0.88620	0.83655	0.93880
30	0.86545	0.80919	0.92562
35	0.83976	0.77577	0.90903
40	0.80676	0.73342	0.88742
45	0.78302	0.70340	0.87165
50	0.74715	0.65877	0.84739
52	0.73753	0.64690	0.84085

去に有罪判決を4回受けているという条件である。表 4.6 は，この元服役囚の生存関数の予測値を簡略化した形式で示している。この生存関数では，本来，0週目から52週目まで各週の生存率の値が推定できるが，表 4.6 には52週目までの推定値を5週間隔で示している。

「生存確率」の数値は再犯で逮捕されずに各時点まで「生き残る」確率の推定値である。たとえば，再逮捕されずに10週目を経過する確率は 0.97 と推定され 95% の信頼区間は 0.95 から 0.99 の範囲になる。また，再逮捕されないまま40週目に達する確率は 0.81 と推定され 95% の信頼区間は 0.73 から 0.89 である。表 4.6 を見ると他の多くのことについても推測することができる。たとえば，出所後，30週目まで再逮捕されなかった元服役囚が30週目以降50週目までに再逮捕される予測確率は (0.865 − 0.747)/0.865 = 0.136 と計算される。

この生存関数の問題点は最後に事象が観測された52週目に終わ

っていることである。その後の生存率はわからない。もし，生存確率がいずれかの週で 0.50 を下回っていた場合，再逮捕までの時間の中央値を推定できたはずである。また，生存確率が完全に 0 になる時点まで計算されたなら，再逮捕までの平均時間や他の統計量が推定できただろう。しかし，この場合では，出所後 52 週目までの範囲内で予測が行えるだけである。

Kaplan & Meier(1958) によって提案された方法を使って独立変数がまったくない生存関数も推定できることも述べておこう。カプラン・マイヤー法は回帰モデルを推定する前の記述的分析として広く使用されている。しかし，これはすべての個体が同じ生存関数を持っていると仮定している。また，ログランク検定などの方法を使って，生存関数が二つ以上の集団で同一であるという帰無仮説を検定することもある。この仮説の検定と同じことは，カテゴリー変数を一つだけ独立変数として含むコックス回帰を使って検定すれば可能である。とは言え，コックス回帰の優れた点は他の独立変数をコントロールして分析できることである。

第5章

複数事象のモデル

これまでの章では，分析対象の事象すべてを同じように扱ってきた。このため，第2章では昇進の種類を区別していないし，第3章と第4章では再犯を犯罪の種類にかかわらずすべて同じ逮捕として扱っている。しばしば，こうしたやり方がうまくいかない場合がある。また，複数の種類の事象をひとまとめに扱うことが，時によっては不適切な場合もあるし，ひとまとめに扱うことが適切でも複数の種類の事象を個別に扱って，より洗練された分析を行う方が望ましい場合もある。

幸い，こうした分析を実行するのに新しい方法は必要としない。一種類の事象についてすでに解説した方法は複数の種類の事象にも応用可能である。より複雑な方法を適用する必要があるだけである。残念ながら，この分析手法はまだ統一的な説明がなされておらず，その理由は「複数の種類の事象」のタイプがたくさんあるからであろう。つまり，タイプがたくさんあるというのは複数の事象がいろいろと異なった状況で発生し，それぞれに応じた分析が必要であることを意味している。

5.1 複数事象の分類

本章では最初に，複数の種類の事象が発生するさまざまな状況を

分類する。説明を簡単にするために二種類の事象だけがあると仮定する。これを二種類以上の事象の分析に一般化しても理解するのは簡単であろう（通常，事象をどのように分けて複数にするかは分析者のやや恣意的な選択による）。さらに，本章では事象に繰り返しはないと仮定し，繰り返しのある場合は次章で扱う。

　最初の主要なタイプは「**条件付き過程** (conditional processes)」であり，次のように定義される。

> Ⅰ．事象の発生または非発生は，一連の因果プロセスによって決定される。ある条件が与えられた後，因果メカニズムによって，どの種類の事象が発生するかが決定される。

　このタイプに当てはまる例を考えるのは容易である。携帯電話を購入すると決めた後，iPhone と Android のどちらかを購入する事象を考えてみよう。携帯電話の購入と iPhone と Android のいずれかの購入が別々の因果関係で生じているとは考えられない。むしろ，最初に携帯電話を購入することを決定する。そして，次に，その決定を与件として，購入する携帯電話を iPhone にするか Android にするかを決定する。おそらく，かなり多様な独立変数がこの決定に影響を与えるだろう。別の例としては病院に行くケースが考えられる。ここでは整骨院に行くか，それとも，整形外科に行くかを事象として区別する。繰り返しになるが，病院に行くという決定とどのタイプの病院に行くかの決定は一つになっていないであろう。ここではどちらが上位にあるかは関係ない。ここで重要なのは，一つの決定が他の決定とは別であるということである。これら二つの例に共通しているのは，個人の目的（たとえば，携帯電話を使う）は同じであっても，その目的を達成する方法は複数ある（iPhone または Android を買う）という点である。

　このタイプの「複数の種類の事象」に対する適切な分析は個体の

意思決定のプロセスに沿った方法である。まず，前章までで説明したイベント・ヒストリー分析の手法を用いて，事象の種類を区別せずに，事象の発生のみをモデルにした分析を行う。次に，事象を経験した個体だけに注目して，どの種類の事象を経験したかを決定する因果関係をモデルにして適切な手法で分析する。最も妥当な選択肢は二項ロジット分析（3 種類以上の場合は多項ロジット分析）である。

二番目の主要なタイプは「**並行的過程** (parallel processes)」であり，次の条件を満たす。

Ⅱ．それぞれの種類の事象の発生は，異なる因果メカニズムによって決定される。

異なる原因メカニズムとは，それぞれの種類の事象の発生は異なる独立変数によって影響されることを意味しており，言い換えると，同じ独立変数が事象の種類によって異なる偏回帰係数や線形関係を持っていることである。このタイプについては一般的な例を示すよりも，この過程が持っている四つの下位タイプを説明しよう。そして，四つの下位タイプすべてを説明してから分析方法について述べる。

Ⅱa．ある種類の事象を経験した個体は他の種類の事象を経験する可能性がなくなる。

この下位タイプは「競合リスク」と呼ばれることが多く，生物統計や人口統計の研究者には馴染みのものである。典型的な例は競合する原因による死亡である。心臓病で死亡する原因と癌で死亡する原因は明らかに異なっている。しかし，心臓病で死んだ個体はもはや癌で死亡する可能性はなく，逆もまた同様である。社会科学にも同じような例が多くある。たとえば，異なる個体が自発的失業と非

自発的失業を経験した場合，両者の退職の原因は違っている可能性が非常に高い。しかし，一旦，被雇用者が仕事を自発的に辞めてしまえば，その人はもはや解雇される可能性はなくなる。他方，解雇されれば，自発的に退職する選択肢はなくなる。同じように，配偶者と離別した人は配偶者と死別できない例を挙げることもできる。

Ⅱb. ある種類の事象を経験すると，その個体は他の種類の事象の観察対象から外れる。

人口移動の研究では国内移動と国外移動を区別する。個体が国外移動した場合，その個体をさらに追跡して観察できなくなることは珍しくない。そのような個体はもう観察されていないが移動を経験する可能性はまだ残っている。

この例は，国内移動を経験した個体が依然として国外移動する可能性があり引き続き観察され続けられるのと非対称である。しかし，対称的な場合を想像することも簡単にできる。たとえば，元服役囚の再犯の研究では傷害事件による逮捕と傷害事件でない逮捕とを区別できる。一方の種類の犯罪で逮捕されると追跡調査ができないのでⅡb のタイプに分類される。

Ⅱc. ある一つ種類の事象を経験しても，他の種類の事象を経験する可能性や個体の観察の継続性に影響を与えない。

おそらく，二つの種類の事象がまったく無関係であることはないだろうが，実際に分析を進める際には，あたかも無関係のように事象を扱うことが可能な場合がある。たとえば，一つの事象が選挙で投票することで，もう一つの事象が離婚することだと考えてみよう。あるいは，一つの事象が昇給を受けることで，もう一つが自動車事故を経験することを想像してもよい。

Ⅱd. ある一つの種類の事象が発生すると，他の種類の事象を経
　　　験する可能性が増大したり，あるいは，（ゼロにはならない
　　　が）減少する。

　この下位タイプの例を考えるのは簡単である。未婚の女性の場
合，妊娠すると結婚する可能性が高くなる。他方，結婚すると出産
の可能性が高まる。昇進すると仕事を辞める可能性は減少する。就
業すると再犯で逮捕される可能性は少なくなる。

5.2　並行して生じる過程の推定

　「並行的過程」の四つの下位タイプを分析する方法を検討しよう。
タイプⅡcの分析は簡単である。ある一つの事象を経験しても別の
事象の発生確率や対象の観察の継続性に影響を与えない場合，二つ
目の事象を検討するときは一つ目の事象について完全に無視でき
る。したがって，この下位タイプは前章で説明した分析と実質的に
同じである。

　一方，一つの事象の発生によって別の事象を経験する可能性が増
減する場合（タイプⅡd）は，二つ目の事象を吟味する場合に必ず
一つ目の事象について考慮する必要がある。繰り返しになるが，こ
の分析を実行する方法はすでに説明してある。要するに，一つ目の
事象の発生を時間に依存する独立変数として扱って二つ目の事象の
分析を行えばよい。したがって，生化学者の例では，勤務先大学の
威信を一つ目の事象を表す時間依存変数として用いて，二つ目の事
象である准教授の昇進を分析する。同様に，再犯の分析では，元服
役囚が毎週，就業しているかどうかを示す時間に依存するダミー変
数を一つ目の事象の変数としてモデルに加える。あるいは，元服役
囚が就業し始めてからの期間を示す時間依存変数を作成して用いて

もよい。実際には，両方の変数を独立変数として分析するのが妥当であろう。

　タイプⅡb はすでに「右側打ち切り」として説明されているものに等しく，事象が発生する前に分析対象の個体が観察から脱落する。唯一の違いは事象の発生によって打ち切りが生じる点である。それでも使用可能な最良の分析方法は変わらない。この下位タイプの事象は前章で使ったモデルと方法で分析される。つまり，事象を経験することで個体が観察から除かれてしまった場合は，その事象を経験した時点で打ち切られたかのように扱う。たとえば，国内移動を分析する場合，国際移動を経験し（この結果，追跡ができなくなる）観察対象は国際移動をした時点で打ち切りを経験したと見なされる。重要なのは，これは必ずランダムな打ち切り，つまり打ち切りは無情報であると仮定しなければならない点である。

　一つの事象を経験することで他の事象を経験する可能性が排除されるタイプⅡa（競合リスク）は，イベント・ヒストリー分析についての文献で最もよく議論されている。したがって，このタイプの分析については詳しく説明しよう。このタイプは，一見したところ上記で説明したタイプⅡb に似ており，実際に基本的な考え方も同じである。事象が一つだけの分析で使用される方法をそれぞれの事象に対して別々に用いてもよい。つまり，ある一つの事象を分析する際は，他の事象を経験した個体は，その事象を経験した時点で打ち切りが生じたとして扱うやり方である。この方法の分析は重要なので，方法の理論的背景と考え方を少し詳しく説明した後，具体例を見ることにする。

5.3　競合リスク・モデル

　競合リスクに対処する方法はいくつかあるが，最も一般的なのは

「タイプ固有 (type-specific)」（または「原因固有 (cause-specific)」）なハザード関数と呼ばれるものを定義することから始める。m 種類の異なった事象があり，それを $j = 1, \ldots, m$ とし，j は事象の種類を区別する指標とする。$P_j(t, t + s)$ をリスク集合に入っている個体が種類 j の事象を時点 t から時点 $t + s$ の期間で経験する条件付き確率とする。ただし，個体が時点 t より前の時点で m 個の事象のいずれかを経験している場合，その個体は時点 t でリスク集合には入っていないとする。

タイプ固有なハザード率は次のように定義される。

$$h_j(t) = \lim_{s \to 0} \frac{P_j(t, t + s)}{s} \tag{5.1}$$

したがって，各種類の事象には独自のハザード関数があることになる。m 種類ある事象のいくつかが生じた場合，全体のハザード関数 $h(t)$ はタイプ固有なハザード関数をすべて合計したものになる。

タイプ固有のハザード関数の一つひとつについて，時間や他の変数を独立変数として含んだモデルをつくることができる。これまで説明したイベント・ヒストリー分析のモデルはどれも競合リスクの分析に用いることができる。種類の異なる事象に関して同じようなモデルを用いることもできるし，事象の種類によってまったく異なるモデルにすることもできる。いずれのモデルでも事象ごとに別々の尤度関数をつくり，データに対して尤度関数を最尤推定で極大化する。さらに，この尤度関数は一つの種類の事象が発生し，他の種類の事象については打ち切りとして扱った尤度関数とまったく同じである。したがって，これまでの章で説明した方法を使って，事象の種類ごとに個別の最尤推定または部分尤度推定を実行することになる。

この分析手法で重要なのは，競合リスク・モデルにおいて理論的に新しいことがまったくない点である。一方，分析を実際に行う際

には，事象の種類ごとに個別の推定をすることで，柔軟で多様な制約をおいたモデルを推定することができる。たとえば，ある種類の事象にはワイブル回帰モデルを指定し，別の種類のモデルにはゴンペルツ回帰モデルを指定することもできる。あるいは，事象の種類ごとに異なる独立変数を用いたり，あるいは，同じ独立変数を用いたりするモデルをさまざまにつくることができる。最も重要なのは，ほとんど，あるいは，まったく関心のない事象を省く点である。たとえば，離婚の分析において離婚の原因にのみ研究関心がある場合，離婚と死別の両方のモデルを推定する必要はない。

5.4 競合リスク・モデルの分析例

競合リスクの分析の例として再犯の研究を再度取り上げる（Rossi et al., 1980）。TARP（Transitional Aid Research Project for Ex-Offenders, 元服役囚への暫定的支援研究）として知られているこの研究は第3章と第4章で検討された社会実験を大規模に拡大したものである。テキサス州とジョージア州の刑務所を出所した約4,000人の元服役囚はランダムに割り振られ，さまざまな水準の経済的支援と就労支援を含む社会実験の対象になった。彼らは出所後1年間追跡され，その期間中に再犯で逮捕されたかどうか公的な記録を利用して調査された。この例では1年間の追跡期間中に面接を受けたジョージア州の元服役囚932人に限定して分析している。研究関心は出所後，最初に再犯で逮捕されるリスクであり，1年以内に逮捕されなかった元服役囚は右側打ち切りとして処理した。

再犯で逮捕された犯罪を二種類に区別する。一つは財産犯（強盗，強盗，窃盗，など）であり，もう一つは他のすべての犯罪である。この区別が重要なのは，犯罪を犯す動機が金銭的な場合は経済

的支援が財産犯による再犯のリスクを減らす可能性があるが，財産犯以外の再犯のリスクには経済的支援が何らかの形で大きな影響を与えることは期待できないからである。

　再犯で逮捕された正確な日がわかっているため，連続時間モデルが最適な方法である。したがって，ここでは以下の式のコックス比例ハザードモデルを推定する。

$$\log h_j(t) = a_j(t) + b_{j1}x_1 + b_{j2}x_2 + \cdots \qquad (5.2)$$

式 (5.2) の j の添え字は，犯罪の種類ごとに異なる偏回帰係数と特定されていない時間の関数を示している。独立変数は，経済的支援 (fin)，人種（白人かどうかのダミー変数）(white)，教育レベル［学校教育の年数］(edcomb)，出所時の配偶状態 (married)，出所時の年齢 (age)，性別 (male)，前科の数 (numarst)，過去に犯した財産犯の有罪判決の数 (numprop)，最後の服役が財産犯によるものかどうかを示すダミー変数 (crimprop)，および，その出所が仮釈放であったかどうかを示すダミー変数 (paro) である。これらの変数はいずれも時間依存変数ではなく分析が単純化されている。

　まず，再犯による逮捕の種類を区別しないモデルを推定する。1年間の追跡期間中，再犯で少なくとも 1 回逮捕された元服役囚が334 人おり，逮捕されなかった残りの 598 人は 365 日で打ち切りになった。推定された偏回帰係数を表 5.1 のモデル 1 に示す。10個の独立変数のうち 6 個は 5% 水準で有意になっている。つまり，出所時の年齢，人種，過去に犯した財産犯の有罪の数，最後の服役が財産犯であったかどうか，前科の数，そして，教育レベルの 6つである。経済支援のダミー変数は有意な影響を及ぼさず，偏回帰係数の符号の向きも予想と反対になっている。したがって，経済的支援は再犯全体を減らすのに効果的ではないようである。

　しかし，経済的支援は財産犯の再犯の可能性を軽減するが，他の

表 5.1　犯罪のタイプごとの比例ハザード・モデルの分析結果

独立変数	1 すべての逮捕			2 財産犯による逮捕			3 非財産犯による逮捕		
	偏回帰係数	z 統計量	Exp(b)	偏回帰係数	z 統計量	Exp(b)	偏回帰係数	z 統計量	Exp(b)
経済的支援	0.121	1.06	1.128	0.201	1.34	1.222	0.007	0.041	1.007
出所時の年齢	−0.034	−4.01**	0.966	−0.041	−3.38**	0.959	−0.027	−2.26*	0.973
人種[d]	−0.241	−2.03*	0.786	−0.353	−2.26*	0.703	−0.077	−0.42	0.926
性別[d]	0.501	1.62	1.650	0.111	0.32	1.117	1.387	1.94	4.005
配偶状態[d]	−0.222	−1.71	0.801	−0.332	−1.88	0.717	−0.073	−0.39	0.929
仮釈放[d]	−0.211	−1.78	0.810	−0.147	−0.95	0.864	−0.302	−1.62	0.739
財産犯の有罪数	0.310	4.31**	1.364	0.318	3.27**	1.375	0.308	2.88**	1.361
財産犯服役[d]	0.424	3.09**	1.529	0.883	4.28**	2.241	−0.069	−0.36	0.933
前科の数	0.018	3.81**	1.018	0.019	2.98**	1.019	0.016	2.35*	1.016
教育レベル[d]	−0.067	−2.67**	0.935	−0.053	−1.56	0.948	−0.083	−2.18*	0.921
対数尤度	−2172.9			−1268.3			−892.7		

* 5%水準で統計的に有意
** 1%水準で統計的に有意
[d] ダミー変数

種類の再犯の可能性を低下させないのかもしれない。さらに，経済的支援以外の独立変数も二つの種類の再犯に異なった影響を及ぼしている可能性もある。これについて検討するために，再犯を 197 件の財産犯と 137 件の非財産犯に分けて，再犯の種類ごとに別々の比例ハザードモデルを推定する。財産犯による再犯のモデルを推定するとき，再犯が非財産犯であった元服役囚は再犯の逮捕時に打ち切りになったとする。同様に，非財産犯の再犯のモデルでは財産犯の逮捕は打ち切りとして扱う。

　出所後，最初に逮捕された後も元服役囚は追跡調査され，別の犯罪によって再び逮捕される可能性があるので，競合リスクの例としては不自然であるように見えるかもしれない。実際，この例はタイプ IIa ではなくタイプ IId として適切に分類されると考えた方が妥当かもしれない。とは言え，出所後の最初の逮捕は犯罪者に戻る重要なステップであると考えると，出所後の最初の再犯による逮捕のみに焦点を当てることにも妥当性がある。出所後の最初の逮捕が財産犯の場合，その元服役囚はもはや非財産犯として最初の再犯を犯す可能性はないし，逆もまた同じである。表 5.1 には二種類の再犯のモデルを別々に推定した結果を示している。経済的支援はどちらの種類の再犯にも有意な影響を与えていない。また，経済的支援の財産犯による再逮捕に対する影響は，他のすべての犯罪による再逮捕に対する影響よりも大きく，偏回帰係数の符号も予想される方向と反対である。年齢，過去に犯した財産犯の有罪判決の数，前科の数の影響は，どちらの種類の再犯でもほぼ同じある。他方，人種は財産犯の再犯に有意な影響を与えているが（白人は非白人よりも再犯の可能性が約 30% 低い），非財産犯の再犯には明確な影響はない。さらに，最後の服役が財産犯であったかどうかを示すダミー変数は財産犯で再逮捕される可能性を大幅に増加させるが，非財産犯での再逮捕の可能性を増加させない。最後に，教育レベルは非財産

犯の再犯に有意な負の効果を持っているが，財産犯の再犯には有意な影響はない。

では，これらの事象の種類の間に見られる偏回帰係数の差は統計的に有意であろうか？　次の式を使用して，二つの偏回帰係数の差を検定できる。

$$z = \frac{b_1 - b_2}{\sqrt{[\text{s.e.}(b_1)]^2 + [\text{s.e.}(b_2)]^2}} \tag{5.3}$$

式 (5.3) の b_1 と b_2 は比較する二つの偏回帰係数で，$\text{s.e.}(b_j)$ は b_j の標準誤差である。両者に差がないという帰無仮説の下では，この z 統計量は標準正規分布に従う。

最後の服役が財産犯であったかどうかを示すダミー変数の偏回帰係数の差に関する計算結果は次のとおりである（この計算には表5.1 に示されていない標準誤差の値を使用している）。

$$2.70 = \frac{0.883 - (-0.069)}{\sqrt{0.296^2 + 0.192^2}}$$

明らかに，二つのモデルで偏回帰係数には有意な違いがある。一方，人種についての偏回帰係数は財産犯と非財産犯の再犯の間で有意な差はない。

$$-1.15 = \frac{-0.353 - (-0.077)}{\sqrt{0.156^2 + 0.182^2}}$$

さらに，財産犯の再犯のすべての偏回帰係数が非財産犯の再犯のすべての偏回帰係数と同一であるという帰無仮説を検定することもできる。これは，再犯の種類を区別しないモデルの対数尤度から，非財産犯の再犯のモデル 3 と財産犯の再犯のモデル 2 との対数尤度の合計を引くことによって行われる。この値に −2 を掛けると尤度比検定が可能になる。

$$23.8 = -2(-2172.9 - (-1268.3 - 892.7))$$

自由度は検定に使われた偏回帰係数の数で，この場合は 10 で p 値は 0.008 になる。したがって，偏回帰係数に差がないという帰無仮説を棄却し，少なくとも一つの偏回帰係数の値が異なると結論づけられる。

　このように，さまざまな種類の事象を区別すると独立変数の影響についてさまざまな結論を導くことができる。同様に，事象の種類を区別しないと誤った結論になる可能性もある。しかし，個々の事象の発生件数が少なくなり過ぎないように，事象の種類の区別をあまり細かくしないようにすることが重要である。表 5.1 ではサンプルサイズが三つのモデルすべてでほぼ同じであるが（表 5.1 では示されていない），標準誤差は非財産犯と財産犯を分けたモデル 2，3 より再犯の種類を区別しないモデル 1 で大幅に小さい。これは，標準誤差（および検出力）がサンプルサイズよりも事象の発生数により依存するからである。

5.5　種類の異なった事象の非独立性

　前節で説明した競合リスク・モデルでは競合する他の事象をすべて打ち切りとして扱って推定した。競合する他の事象がいつ生じるかについてはまったく情報がないので，明らかに，この打ち切りは第 2 章で定義されたランダムな打ち切りでなければならない。そして，打ち切りがランダムである場合，この打ち切りは「無情報」であると仮定されなければならない。再犯の例では財産犯で再逮捕された元服役囚が非財産犯で再逮捕される可能性についてはまったくわからないと仮定されている。同じように，非財産犯で再逮捕された元服役囚が財産犯で再び逮捕される可能性が高いか低いかにつ

いてもわからないと仮定している。

　第2章で述べたように「無情報」性の仮定が妥当するかを検定することはできない。できることは第2章で説明した感度分析であり，極端なケースをいろいろ想定し仮定の妥当性を検討することである。もう一つ心に留めておくべき点は，すべてのタイプの事象の発生に影響を与える独立変数が回帰モデルに十分に含まれているなら，打ち切りが無情報になる可能性が高くなることである。つまり，本当に重要なのは適切な独立変数をモデルに加えた場合，打ち切りが無情報になるかどうかである。

5.6　累積発生率関数

　競合リスクを分析するもう一つの方法は**累積発生率関数** (cumulative incidence function) に基づくもので，この方法では打ち切りが無情報である必要はない (Marubini & Valsecchi, 1995; Fine & Gray, 1999)。この方法は比較的新しく，いくつかの統計ソフトには含まれており，競合リスクを分析するのによい分析法とされていることがある。この方法は分析目的が主に予測である場合には有益かもしれない。しかし，Pintilie(2006) が論じているように因果関係の推論にはあまり適していない。

　元々，累積発生率関数は競合リスクがある場合，標準的な方法（たとえば，カプラン・マイヤー法やコックス回帰）によって推定された生存関数に問題があり，それを解決するために考案された。具体的には，個体がある時点においてさまざまな状態にある確率を標準的な方法で推定すると，それらの合計が1より大きくなってしまう。例として再犯データを見てみよう。カプラン・マイヤー法を使って計算すると1年間の観察期間の終わりに元服役囚が財産犯で再逮捕される確率は 0.229，非財産犯で逮捕される確率は

0.168 と推定される。そして元服役囚が再犯で逮捕されない確率は0.642 になる。残念なことに，これら三つの確率の合計は 1.039 になってしまう。この値はあまり大きいようには見えないかもしれないが，予測を行う場合には大きな問題になる。

この問題を解決するには生存関数ではなく累積発生率関数を使うことである。種類 j の事象の累積発生率関数は次のように定義される。

$$CI_j(t) = \Pr(T < t, J = j) \tag{5.4}$$

つまり，種類 j の事象が時点 t より前に発生する確率である。これは事象の発生について何ら仮定をおかずに簡単な方法で推定できる。SAS はこの推定値を計算するコマンド cumincid を持っており，さらに，多くの機能を備えたコマンド cif をダウンロードして使うこともできる。Stata では stcompet というユーザがつくったコマンドがある (Coviello & Boggess, 2004)。

図 5.1 は，stcompet コマンドによって出力された財産犯と非財産犯の累積発生率関数を示している。刑務所を出所してからの日数の関数として二種類の犯罪の累積発生率の推定値を示している。たとえば，出所後 200 日の時点で財産犯で再逮捕される累積発生率は 0.145，非財産犯では 0.087 と推定される。

この方法は「部分分布 (subdistribution) 比例ハザードモデル」として，独立変数を含んだ部分尤度法によって偏回帰係数を推定することもできる (Fine & Gray, 1999)。この分析方法を実行するために Stata にはコマンド stcrreg が用意されている。SAS の場合，pshreg というユーザが作成したコマンドがある (Kohl & Heinze, 2012)。

表 5.2 は，コマンド stcrreg を使って出力させた，財産犯と非財産犯の再犯の「部分分布比例ハザードモデル」の推定値を示して

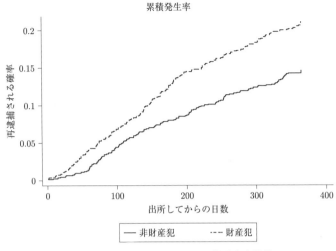

図 5.1 財産犯と非財産犯の累積発生率関数

いる。モデル1（すべての逮捕）は競合リスクがない表5.1と同じ結果である。続くモデル2,3の結果は表5.1の結果とそれほど変わらないが,多くの z 統計量の値が少し小さくなっている。すでに述べたように,因果推論には表5.1の比例ハザードモデルの結果の方がよいかもしれない。その主な理由は,「部分分布比例ハザードモデル」の推定値は概念が異なった事象をまとめてしまっているからである。しかし,「部分分布比例ハザードモデル」の推定値は再犯の予測を行う場合には優れている。たとえば,図5.2（Stataのコマンド stcurve で作成）は,すべての独立変数が平均値をとると仮定した場合に元服役囚が出所後に非財産犯で再逮捕される累積発生率関数の予測値を示している。このようなグラフは,独立変数の値を任意にいろいろと設定して作成することもできる。

表 5.2　犯罪のタイプごとの部分分布比例ハザードモデルの分析結果

独立変数	1 すべての逮捕			2 財産犯による逮捕			3 非財産犯による逮捕		
	偏回帰係数	z 統計量	Exp(b)	偏回帰係数	z 統計量	Exp(b)	偏回帰係数	z 統計量	Exp(b)
経済的支援[d]	0.121	1.06	1.128	0.236	1.55	1.266	0.004	0.02	1.004
出所時の年齢	−0.034	−4.01**	0.966	−0.040	−2.96**	0.961	−0.022	−1.93	0.978
人種[d]	−0.241	−2.03*	0.786	−0.351	−2.17*	0.704	−0.010	−0.06	0.990
性別[d]	0.501	1.62	1.650	0.043	0.11	1.043	1.436	2.01*	4.204
配偶状態[d]	−0.222	−1.71	0.801	−0.308	−1.75	0.735	−0.035	−0.17	0.966
仮釈放[d]	−0.211	−1.78	0.810	−0.108	−0.70	0.898	−0.279	−1.56	0.756
財産犯の有罪数	0.310	4.31**	1.364	0.275	2.70**	1.317	0.258	2.52*	1.294
財産犯服役[d]	0.424	3.09**	1.529	0.887	4.26**	2.429	−0.184	−0.96	0.832
前科の数	0.018	3.81**	1.018	0.015	2.16*	1.015	0.011	1.67	1.011
教育レベル	−0.067	−2.67*	0.935	−0.049	−1.31	0.952	−0.075	−2.03*	0.928
対数尤度	−2172.9			−1288.2			−914.7		

* 5% 水準で統計的に有意

** 1% 水準で統計的に有意

[d] ダミー変数

非財産犯の累積発生率

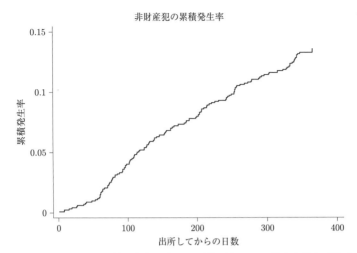

図 5.2 非財産犯の累積発生率関数の予測値（すべての独立変数が平均値の場合）

第6章

繰り返しのある事象のモデル

　社会科学によって研究されるほとんどの事象には繰り返しがあり（再現可能な事象であり），多くの「イベント・ヒストリー」をもったデータには，一つひとつの個体が繰り返し経験する事象が含まれている。こうした例としては，転職，出産，結婚，離婚，逮捕，有罪の判決，あるいは，病院への通院などを挙げることができる。本書の初版が出版された時点では繰り返しのある事象の分析に関する論文は極めて少なかった（たとえば，Gail et al., 1980; Prentice et al., 1981; Tuma et al., 1979; Flinn & Heckman, 1982ab）。しかし，初版から約30年が経ち，繰り返しのある事象の分析についての文献は爆発的に増加している。これらの研究を上手に要約したものとして，Aalen et al.(2010)，Cook & Lawless(2007)，Hougaard(2000)，Nelson(2003) を挙げることができる。

　繰り返しのある事象の分析にはさまざまな方法があり，すべてを適切に検討するには本章は短すぎる。とは言え，本章は主要な分析手法を要約しながら説明する。そして，本章では，どの分析方法を選択するのが妥当であるかを理解できるようになることに重点をおく。

　まず，第5章で説明した実証分析の例を拡張しよう。この例ではジョージア州の刑務所から932人の服役囚が出所し，その後1年間にわたって追跡調査された。第5章の分析では出所後に発生

表 **6.1**　逮捕者数の度数分布

逮捕の数	人数
0	598
1	202
2	88
3	28
4	10
5	4
6	2

した最初の逮捕が分析関心の事象である。しかし，表 6.1 に示すように，元服役囚の多くは 1 年間の追跡期間中に複数回逮捕されている。具体的には，132 人が複数回逮捕され，前章で分析された再逮捕者 334 人の約 39.5% に達している。こうした追加的な情報を無視するのはかなりもったいない。これからの説明をわかりやすくするために，繰り返された逮捕は一種類の犯罪であると仮定する。つまり，財産犯と非財産犯による元服役囚の再逮捕を区別しない。

6.1　繰り返しのある事象のカウントデータ・モデル

　繰り返し発生する事象を分析する最も簡単な方法は，事象が発生するタイミングを無視し各個体の事象の数に焦点を当てることである。これは，(a) 時間依存変数がなく (b) 独立変数が観測期間すべてで同じ効果を持っていると仮定できる場合に，おそらく最善の分析方法である。この仮定の下では，データに含まれている観察期間における事象の発生のタイミングは有益な情報をほとんど，あるいは，まったく持っていないことになる。

　カウントデータの分析で最も適切かつ容易に利用できるは負の二項回帰モデルである。ポアソン回帰モデルは負の二項回帰モデルの特

殊なケースであり頻繁に使用されるが，「過分散 (overdispersion)」によってデータにうまく適合しないことがよくある (Allison, 2012)。個体 i に発生した事象の数を Y_i とし，Y_i が期待値 λ_i の負の二項分布に従うと仮定すると，回帰モデルは以下のように表現される。

$$\log \lambda_i = b_0 + b_1 x_{i1} + b_2 x_{i2} + \cdots + b_k x_{ik} \qquad (6.1)$$

つまり，期待される事象の数は複数の独立変数を持った対数線形関数になる。式 (6.1) の偏回帰係数 b の解釈はコックスの比例ハザードモデルの偏回帰係数とほぼ同じである。というのは，ハザード率が期待される事象の数だからである。

表 6.2 のモデル 1 は第 5 章と同じ独立変数を使った負の二項回帰モデルの結果を示している（パラメータの推定は，Stata の nbreg コマンドと SAS の genmod プロジージャで行った）。いくつかの値を除いて，結果は全体的に表 5.1 のモデル 1 とよく似ている。表 5.1 ではほとんど有意でなかった「人種」に関する独立変数は表 6.2 のモデル 1 でも偏回帰係数が小さくまったく有意でない。また，表 6.2 のモデル 1 では「仮釈放であるかどうか」の変数の偏回帰係数は大きく有意であるが，表 5.1 では有意でなかった。

このモデルではすべての個体が 1 年間隔で観察されたことになる。しかし，負の二項回帰モデルは，観察期間が異なる複数の個体に対する分析にも簡単に適用することができる。これを実行するには観測期間の対数をとった変数をつくり，その変数を基準となる観察期間からの差としてモデルに独立変数として含める。表 6.2 のモデル 1 では基準となる観察期間は 1 に固定されている。

6.2　時間のギャップに基づく方法

時間によって変化する独立変数がある場合や独立変数の影響が時

表 6.2 繰り返し事象の回帰モデル

独立変数	1 負の二項回帰			2 コックス回帰（時間のギャップ）				3 コックス回帰（共用フレイルティ）		
	偏回帰係数	z 統計量	Exp(b)	偏回帰係数	z 統計量	z 頑強 (robust)	Exp(b)	偏回帰係数	z 統計量	Exp(b)
経済的支援	0.148	1.36	1.160	0.137	1.52	1.33	1.147	0.142	1.30	1.153
出所時の年齢	−0.033	−4.12**	0.968	−0.030	−4.53**	−3.64**	0.970	−0.033	−4.14**	0.967
人種[d]	−0.153	−1.36	0.858	−0.160	−1.71	−1.40	0.852	−0.156	−1.38	0.855
性別[d]	0.372	1.39	1.450	0.344	1.50	1.19	1.411	0.372	1.38	1.451
配偶状態[d]	−0.052	−0.44	0.949	−0.078	−0.79	−0.64	0.925	−0.069	−0.57	0.934
仮釈放[d]	−0.323	−2.77**	0.724	−0.304	−3.15**	−2.86**	0.738	−0.324	−2.78**	0.723
財産犯の有罪数	0.278	3.68**	1.321	0.256	4.58**	3.88**	1.292	0.284	3.74**	1.328
財産犯服役[d]	0.343	2.64**	1.409	0.316	2.90**	2.41*	1.372	0.335	2.58**	1.398
前科の数	0.013	2.71**	1.013	0.012	3.36**	2.65**	1.012	0.013	2.77**	1.014
教育レベル	−0.060	−2.52*	0.942	−0.054	−2.76**	−2.13*	0.947	−0.059	−2.51*	0.942

* 5% 水準で統計的に有意

** 1% 水準で統計的に有意

d ダミー変数

間の経過によってどのように変化するかに分析関心がある場合，負の二項回帰モデルでは不十分である。いずれの場合も個体ごとに複数の観察記録が必要で，より複雑な方法が必要になる。この方法を行うには事象ごとに観察期間を区切ったデータを一つひとつつくる。つまり，観察の開始から最初の事象の発生までを一つの記録，その後，次の事象の発生までを別の一つの記録，というように観察が終了するまで記録する。再犯データにある 932 人について，このような観察期間の記録をつくると 1,447 個になった。

　まず，これらの観察期間の記録すべてを異なった個体の観測値と見なして「時間のギャップ」を分析する。「時間のギャップ」とは観察の開始時点と終了時点の差を意味している。要するに，一つの事象が発生すると観測期間を 0 にリセットする。表 6.2 のモデル 2「コックス回帰（時間のギャップ）」は Stata の stcox コマンドと SAS の phreg プロシージャを用いて，従来のコックス回帰を「時間のギャップ」に適用して推定した結果である。

　コックス回帰の結果は負の二項回帰の結果とどのぐらい似ているだろうか。特に偏回帰係数とハザード比 [Exp(b)] に注目するべきである。ただし，コックス回帰の z 統計量はすべて，負の二項回帰の z 統計量より少し高くなる。これは，コックス回帰の標準誤差がすべて，負の二項回帰の標準誤差より小さいからである。この現象が起きる理由は，繰り返しが多い個体は繰り返しが少ない個体と比べて観察記録のデータ数が多くなるにもかかわらず，統計ソフトがこれを認識していないからである。実際，再逮捕の数が多い元服役囚は時間のギャップが短く，再逮捕が少ない元服役囚は時間のギャップが長くなる傾向があるが，すべてのケース[1]は統計的に独

---

[1]訳注：事象に繰り返しのあるデータでは一つの観測対象が事象を複数回経験する場合がある。例えば，個体 A が事象を 3 回経験したならば，データには個体 A の事象が 3 ケース含まれている。この場合，3 つのケースは個

立していると見なされてしまう。これは「クラスター化」された観測値の典型的な例であり，正しい統計的推論をするには観測値の非独立性を修正する必要がある。

　最も簡単な修正方法は Huber(1967) と White(1980) が提案した「サンドイッチ」推定法を使って頑強推定による標準誤差を計算することである。Stata ではコックス回帰コマンドのオプションとして用意されている cluster(id) を指定すれば計算できる。ここで id は一つひとつの個体を識別する ID 番号を示す変数の名前である。表 6.2 の「z 頑強 (robust)」というラベルの付いた部分は，頑強推定による標準誤差によって計算された z 統計量を示している。この修正をすると z 統計量はやや小さくなり，負の二項回帰の場合とほぼ同じになる。

　実際の分析では，多くの場合，標準誤差を修正するだけで十分かもしれない。しかし，一般的なコックス回帰の偏回帰係数は二つの理由で理想的ではない。第一に，個々の個体が持っている複数の観測値が実際に相互依存している場合，一般的なコックス回帰の推定値は統計的な効率性を満たしていない。つまり，必要以上に統計的ばらつきが大きい可能性がある。第二に，偏回帰係数がゼロに向かって減衰する場合があり，これは他の方法を使うと修正できる。

　この方法の一つが「共用フレイルティ」を回帰モデルの構成要素として含むコックス回帰である。基本的なモデルは，標準のコックス・モデルにランダムな切片を加えたランダム効果モデル，あるいは，混合モデルである。

$$\log h_{ij}(t) = a(t) + b_1 x_1 + b_2 x_2 + e_i \tag{6.2}$$

体 A についてクラスター化されている。この 3 つのケースはそれぞれが統計的に独立と見なすことができないため，非独立性を仮定した修正が必要になる。

　この式 (6.2) では，$h_{ij}(t)$ は i 番目の個体が j 番目の事象を経験するハザード率であり，t は事象が最後に発生した時点からの時間である。誤差項 e_i は「共用フレイルティ」である。これは，すべての測定されていない変数を合わせたものであり，個体 i のハザード率に影響を与えるが，時間の経過とともに変化しない効果である。この誤差項は「観察されない異質性」として説明されることもある。e_i は平均 0 で一定の分散 θ を持つランダムな変数であり，独立変数 x とは統計的に独立であると仮定する。θ の値が大きいほど，一つの個体が経験する複数の事象どうしの依存度が高くなる。e_i は特定の確率分布に従うと仮定する必要があり，SAS や Stata では正規分布や対数ガンマ分布を仮定することができる。

　「共用フレイルティ」モデルはコックスの部分尤度推定を一般化したプロファイル尤度 (profile likelihood) 法によって推定できる (Themeau & Grambsch, 2000)。Stata を使って出力させた結果が表 6.2 のモデル 3「コックス回帰（共用フレイルティ）」である。全体として，共用フレイルティ・モデルの結果は頑強推定による標準誤差を持つ一般的なコックス回帰の結果と非常によく似ている。共用フレイルティ・モデルのいくつかの偏回帰係数は，一般的にコックス回帰モデルの偏回帰係数よりもやや大きく，統計的に有意な偏回帰係数では特に大きくなっている。これは予想された結果であるが，二つのモデルの違いはあまり顕著ではない。Stata では θ の推定値（e_i の分散）は 0.759 であり，θ が 0 であるという検定では統計的に有意になっている。しかし，同じモデルを SAS で推定すると θ の推定値がはるかに小さく，統計的に有意にならない。この違いはおそらく，二つの統計ソフトが仮定する誤差項の分布が異なっているからである。

　注意しなければならないのは，共用フレイルティを含むコックス回帰モデルの推定には，頑強推定による標準誤差を使っても使わ

なくても，一般的なコックス回帰よりもはるかに多くの計算時間
がかかる点である。筆者のラップトップでは，表 6.2 の最初の 2 つ
のコックス・モデルはそれぞれ Stata で結果が出力されるまで約 1
秒かかった。対照的に，3 つ目の共用フレイルティ・モデルは結果
の出力には 15 分かかった。（第 3 章で説明したような）パラメト
リックなモデルで共用フレイルティを使う場合は計算時間がはる
かに短くなる。Stata の streg コマンドを使用して，共用フレイル
ティをもったワイブル回帰モデル（コックス・モデルの特殊なケー
ス）を表 6.2 と同じ独立変数で推定した場合，計算には 3 秒しかか
からず，結果は共用フレイルティを持ったコックス回帰の結果と非
常に似ていた。

　こうした分析手法を使うことで負の二項回帰では適切に答える
ことができなかったいくつかの疑問に答えることができる。たとえ
ば，何度も続けて逮捕されると再逮捕されるリスクは増加，あるい
は，減少するのであろうか。表 6.3 は時間のギャップを用いてワイ
ブル・モデルを推定した結果を示している。表 6.3 では表 6.2 のモ
デルに独立変数を一つ加えている。それは観察期間 (spellnum) を
記録した番号で，たとえば，最初の観察期間の記録番号は 1，二番
目の観察期間の記録番号は 2 の値になる。モデル 1「ワイブル回帰
（頑強推定）」では事象の繰り返しに独立性を仮定せず，頑強推定に
よる標準誤差を持つ通常のワイブル回帰モデルの結果を示している
（共用フレイルティを持ったコックス・モデルの計算には時間がか
かるので，ここではワイブル回帰モデルを使用した）。観察期間の
記録番号については偏回帰係数が正の値であり，z 統計量も最も大
きくなっている。これは，逮捕された回数が増えるほど，再逮捕さ
れる可能性が約 40% 増加することを意味している。

　しかし，これは見せかけの効果である可能性がある。元服役囚は
全員が 1 年間追跡調査されているので，逮捕の数が多いのは 1 年

間に逮捕された回数が多く，逮捕される間隔が短いことを意味しているだけかもしれない。つまり，一部の個体の逮捕される間隔が単に短いために再犯のハザード率が高くなっているだけかもしれない。

　この問題を検討するために，表6.3のモデル2「ワイブル回帰（共用フレイルティ）」の推定値を見てみよう。共用フレイルティを持ったワイブル回帰モデルでは個体に観察されない異質性が存在することを仮定していて，一部の元服役囚は再犯で逮捕される可能性が高く（したがって，逮捕回数が多い），他の元服役囚は再犯で逮捕される可能性が低い（したがって，逮捕回数が少ない）と考えている。このモデルでは，観察期間の記録番号の z 統計量が最小であり，偏回帰係数も小さくなっている。このように，他の方法では観察期間の記録番号は再犯の可能性を高める要因として解釈されてしまうが，共用フレイルティを含めたモデルによって観察されていない異質性をコントロールすると誤った因果推論を避けることができる。

6.3　観測開始からの時間に基づく方法

　時間のギャップに用いたモデルでは，事象が発生すると観測期間は暗黙のうちに0にリセットされるので，最後の事象が発生してからの時間にハザード率が依存することになる。ほとんどの場合，実際の分析では，おそらく，これが最善の方法である。しかし，ハザード率を他の時間の長さに依存させる方が妥当な場合もある。たとえば，再犯の場合，再逮捕のハザード率は主に元服役囚が刑務所から出所してからの時間であり，最後の逮捕からの時間ではないかもしれない。

　この仮定で分析するには最後の事象が発生してからの時間では

表 6.3 繰り返し事象のコックス回帰とワイブル回帰

独立変数	1 ワイブル回帰（頑強推定）			2 ワイブル回帰（共用フレイルティ）			3 コックス回帰（観測開始からの時間）		
	偏回帰係数	z統計量	Exp(b)	偏回帰係数	z統計量	Exp(b)	偏回帰係数	z統計量	Exp(b)
観測期間の記録番号	0.334	7.43**	1.396	-0.010	-0.11	0.990			
経済的支援 [d]	0.135	1.48	1.145	0.142	1.27	1.153	0.140	1.30	1.150
出所時の年齢	-0.029	-3.77**	0.972	-0.034	-4.11**	0.966	-0.031	-3.68	0.969
人種 [d]	-0.119	-1.17	0.888	-0.158	-1.36	0.854	-0.166	-1.40	0.847
性別 [d]	0.340	1.28	1.404	0.375	1.37	1.455	0.355	1.18	1.426
配偶状態 [d]	-0.061	-0.56	0.941	-0.066	-0.54	0.936	-0.086	-0.67	0.918
仮釈放 [d]	-0.270	-2.75**	0.763	0.330	-2.74**	0.719	-0.308	-2.79	0.735
財産犯の有罪数	0.224	3.95**	1.251	0.292	3.66**	1.339	0.270	3.92	1.309
財産犯服役 [d]	0.296	2.48*	1.344	0.338	2.54*	1.402	0.326	2.40	1.385
前科の数	0.009	2.48*	1.009	0.014	2.66**	1.014	0.012	2.65	1.012
教育レベル	-0.055	-2.52*	0.946	-0.061	-2.51*	0.941	-0.057	-2.13	0.945

* 5% 水準で統計的に有意.

** 1% 水準で統計的に有意.

d ダミー変数

なく，観測開始からの時間（刑務所を出所してからの時間）で式
(6.2) の時間変数を定義すると簡単に実行可能である。このモデル
を推定するために，これまでと同じデータを引き続き使用する。こ
のモデルでもすでに使用した一つの事象ごとの観察期間の記録を分
析するが，このモデルは一つひとつの事象の観察期間を従属変数に
するのではなく，分析対象の観察開始の一番はじめの時点と観察終
了の時点を別途指定する必要がある。そして，分析対象は共通の観
察開始時点（この例では，刑務所からの出所した時点）から時間が
測定される。多くのコックス回帰（および，一部はパラメトリック
モデル）の統計ソフトでは対象の観測の開始時点と終了時点を指定
することができる。

　再犯のデータでは，観察の開始時点（刑務所を出所してからの時
間）を表す変数 begin と観察が終了した時点を表す変数 end があ
る。たとえば，データの2番目の元服役囚は2回再逮捕されてい
て，初回が出所後114日目，二回目は153日目であった。したが
って，これらの変数は最初の逮捕では0と114になり，二回目の
逮捕は0と153となり，最後の記録では右側打ち切りになり変数
の値は0と365になる。

　この形式で作成したデータを使って，表6.3の観察期間の記録番
号を除く独立変数を含んだコックス・モデルを推定した（なぜな
ら，共用フレイルティを持った表6.3のモデル2ですでに観察期間
の記録番号が有意でなかったからである）。事象に繰り返しがある
ので同一個体内の事象の非独立性を調整するために頑強推定によ
る標準誤差を出力した。このモデルの推定結果が表6.3のモデル3
「コックス回帰（観察開始からの時間）」である。最も適切な比較は
表6.2のモデル2「コックス回帰（時間のギャップ）」と比べるこ
とである。このモデルは出所からの時間ではなく時間のギャップを
観察期間にしたコックス回帰の結果が示されている。しばしば見ら

れることだが，結果は極めて似ている。

　観察開始時点からの時間を使う魅力の一つは，独立変数の影響が
観測期間全体で変化するかどうかを検討できる点である。これを行
うには，独立変数と開始時点からの時間の交互作用項を用いる。た
とえば，次のようなモデルを推定できる。

$$\log h_{ij}(t) = a(t) + b_1 x_1 + b_2 x_2 + b_3 x_2 t \tag{6.3}$$

ここで t は観測開始時点からの時間である。このモデルでは x_2 の
ハザード率への影響は，観測開始からの時間経過と線形関係になっ
ている。これは，比例ハザード性の仮定を検討するために第 4 章
（式 (4.5)）で用いたモデルと同じである。

　再犯のデータの分析で，観察開始（刑務所から出所）からの時間
（月単位で測定）と前科の数との交互作用の効果を検討してみよう。
交互作用の効果は負であり，かつ有意であり（$p = 0.003$），前科の
数の影響は出所後，時間が経つと弱くなることを示している。具体
的には，出所の時点で，前科の数が増えると再犯の可能性は 2.8%
増加する。しかし，出所後 1 か月過ぎるにつれて，この独立変数
の効果は 0.3% 減少する。これは，出所してから 6 か月後では，逮
捕の前科の数が 1 回増えてもハザード率への影響は約 1% に過ぎな
いことを意味している。出所してから 12 か月では逮捕の前科歴の
効果はほぼ 0 になる。

6.4　分析モデルの拡張

　繰り返し発生する事象について，これまで検討した方法はさまざ
まに拡張できる。たとえば，競合リスクに関する第 5 章の方法は
繰り返しのある事象のデータにも簡単に応用できる。再犯の例で財
産犯と非財産犯の再逮捕を区別したいとする。これには，まず財産

犯のモデルを推定するために，非財産犯で再逮捕されて観察が終了したすべて個体は非財産犯で再逮捕された時点で打ち切られたとして処理する。同様に，非財産犯のモデルを推定するには，財産犯で再逮捕されて観察が終了したすべて個体は右側打ち切りとして扱う。時間変数は，エピソード分割法またはプログラミング・ステートメント法のいずれかを用いて第4章で説明した方法で簡単に処理できる。

　第2章の離散時間モデルを使うと繰り返し発生する事象を分析するのが特に簡単である。このためには各個体のイベント・ヒストリー・データを個体ごとに分けて記録する。つまり，個体の観察開始から打ち切りまでの期間，あるいは，事象が発生するまでの期間に分割したデータをつくる。ただし，個体が事象を経験したり，打ち切りにあった後は，もはや事象を経験する可能性がないのでデータをつくらない。

　事象が繰り返し発生する場合でも，事象をすでに経験しているかどうかに関係なく，対象が観察され続けている期間については離散時間で記録したデータを作成する。事象が一種類しかない場合，特定の時点で事象が発生したら従属変数を1に，それ以外の場合は従属変数を0にする。以前行ったのと同じように，その従属変数を予測するロジスティック回帰（または補対数対数回帰）を実行する。

　異なっているのは，一つの個体が複数の観察記録を持ち，それらの間に非独立性が存在する可能性を考慮する点である。幸いなことに，この非独立性を処理するための方法は，連続時間モデルよりもさらに簡単に実行できる。上記で説明したデータの構造は，本質的に二値変数を従属変数とするパネルデータと同じある。パネルデータを分析するために考案された方法はたくさんあり，頑強推定による標準誤差，一般化推定式 (GEE)，（混合）ランダム効果モデル，

および固定効果モデルなどを用いることができる (Allison, 2005, 2009)。

　これらの方法を離散時間データに対して用いる場合,「時間のギャップ・モデル」と「観測開始からの時間モデル」の違いはたいしたものではない。時間のギャップ・モデルの場合は最後に事象が発生してからの時間を独立変数として含めるだけである。観測開始からの時間モデルの場合は観測開始からの時間が独立変数である。また，両方の変数を独立変数として含めることもできる。

第7章

結　論

　　研究分野に関係なく，一つの事象，あるいは，事象が繰り返し発生すると考えることができる現象は驚くほど多い。事象は至るところで発生していて，ミクロなレベルではくしゃみや笑顔などから，マクロなレベルでは戦争や種の絶滅などがある。

　　本書は，事象の発生する確率，つまり，ハザード率が独立変数に依存する回帰分析に焦点を当てている。他の回帰分析の手法と同様に，イベント・ヒストリー分析や生存時間分析は独立変数が事象の発生に及ぼす影響について仮説を検証し，将来の事象の発生を予測することができる。

　　本書ではいくつかの異なる分析手法を検討したが，それらは共通点を持っている。つまり，

- 事象が発生した正確な時点を使って精度を高め，原因と結果の関係についての不確実性を減少させる
- さまざまなタイプの打ち切り，特に，右側打ち切りを処理することができる
- 時間依存変数を独立変数として使うことができる（ただし，すべての手法で使用できるわけではない）

いくつかの理由によって，コックス回帰はこれらの分析手法の中で最も人気がある。比例ハザードモデルは，一般的に，多くのパラ

メトリックモデルよりもはるかに弱い仮定を基礎にしている。さらに，比例ハザードモデルは連続時間のデータと離散時間のデータの両方を扱うことができる。便利で効率的なプログラムが多くの統計ソフトで利用できるようになっている。さらに，時間依存変数を独立変数として簡単にモデルに組み込むこともできる。こうした理由により多くの場合，コックス回帰が最初に選択される分析手法になるのは当然である。

　しかし，コックス回帰にも限界がある。第3章で説明したパラメトリックモデルとは異なり，コックス回帰では左側打ち切りやより一般的な打ち切りを処理できない。また，コックス回帰は基本的に絶対ハザード率ではなく相対ハザード率を分析するので，将来の事象の発生を予測するのがしばしば難しい。コックス回帰を使用して生存関数を推定することは可能だが，打ち切りがあるため，生存関数を推測できる期間がかなり短くなる。

　第2章の離散時間モデルもコックス回帰に代わる魅力的な分析手法である。これはロジスティック回帰によって実行できるので生存時間分析を簡単に実行でき，また，容易に理解できる枠組みで定式化されている。この分析手法はハザード率が時間に依存するケースに柔軟に対応でき，さまざまなパターンの時間の影響と時間に依存する独立変数についての仮説を検討することができる。そして最後に，コックス回帰とは異なり，データが大きく，時間間隔が極めて大きい場合（つまり，多数の同順位の事象がある場合）でも分析を行うことが可能である。

付　録

A.1　最尤法

　最尤法の原理は，実際に観測されたデータの値の出現確率（尤度）を最大化するようにパラメータの推定値を求めることである。これを行う最初のステップは，データの出現を未知のパラメータの関数として表現することである。本節では，一部のデータが右側打ち切りになっている場合，パラメトリックな回帰モデルの最尤法がどのように計算されるかについて説明する。

　n 人の独立した個体のサンプルがあるとする $(i = 1, \ldots, n)$。それぞれの個体が持つ変数は $(t_i, d_i, \mathbf{x}_i)$ である。ここで，t_i は事象が発生した時間または打ち切りにあった時間のいずれかである。d_i は時点 t_i で事象が発生した場合は 1，時点 t_i で打ち切りにあった場合は 0 の値をとる二値変数である。$\mathbf{x}_i$ は独立変数の列ベクトルであり，これには切片のために 1 が含まれている。各観測値が独立である場合，サンプル全体の尤度は，一つひとつの個体の観測値の尤度の積になる。つまり，次の式になる。

$$L = \prod_{i=1}^{n} L_i \tag{A.1}$$

打ち切りにあっていない観測値については $L_i = f_i(t_i)$ であり，こ
こで f_i は個体 i の確率密度関数である。f_i は確率密度が独立変数
に依存し，個体によって異なることを示すために添え字が付けられ
ている。打ち切りにあった観測値の場合 $L_i = S_i(t_i)$ であり，S_i は
生存関数である。つまり，$S_i(t_i)$ は，個体 i が時点 t_i より後に事象
を経験する確率を意味している。これらの数式を組み合わせると次
のようになる。

$$L = \prod_{i=1}^{n} f_i(t_i)^{d_i} S_i(t_i)^{1-d_i} \tag{A.2}$$

この式では d_i はいわば「スイッチ」として機能し，打ち切りにあ
っていない観測値には密度関数 f をオンにし，右側打ち切りにあ
った観測値には生存関数 S をオンにする。この式は，打ち切りが
無情報の場合のパラメトリックモデルでも妥当する。

　本書で検討されている最も簡単なモデルは，（ハザード率が定
数の）指数回帰モデルである。λ_i を個体 i のハザード率とすると，
指数回帰モデルの密度関数は次のようになる。

$$f_i(t) = \lambda_i e^{-\lambda_i t}$$

そして，生存関数は次のように表現される。

$$S_i(t) = e^{-\lambda_i t}$$

これらの式を式 (A.2) に代入して，少し整理すると次のようになる。

$$L = \prod_{i=1}^{n} \lambda_i^{d_i} e^{-\lambda_i t} \tag{A.3}$$

尤度関数の対数を最大化することは尤度関数自体を最大化すること
と同値なので，式の両辺の対数をとり，積で表された式を和で表さ

れた式に変え，べき乗を掛け算の係数に変換すると，

$$\log L = \sum_{i=1}^{n} d_i \log \lambda_i - \sum_{i=1}^{n} \lambda_i t_i \qquad (A.4)$$

になる。この式に $\log \lambda_i = \boldsymbol{\beta} \mathbf{x}_i$（$\boldsymbol{\beta}$ は偏回帰係数の行ベクトル）を代入すると，次の結果が得られる。

$$\log L = \boldsymbol{\beta} \sum_{i=1}^{n} d_i \mathbf{x}_i - \sum_{i=1}^{n} t_i \exp(\boldsymbol{\beta} \mathbf{x}_i) \qquad (A.5)$$

こうすることで，未知のパラメータ $\boldsymbol{\beta}$ の関数として尤度関数をうまく表現することができる。次のステップは（通常は反復する）計算を使って，$\log L$ を最大化する $\boldsymbol{\beta}$ の値を見つける。通常，ニュートン=ラフソン法が適しており，さらに，推定値の標準誤差も計算できる。この方法の詳細については，Kalbfleisch & Prentice (2002) を参照するとよい。

A.2　部分尤度法

　部分尤度法の最初のステップは未知のパラメータと観測されたデータによって表現される尤度関数を作成することであり，通常の最尤法に似ている。次のステップは，この関数を最大化するパラメータの値を見つけることである。しかし，通常の最尤法の関数はサンプルのすべての個体の積としてつくられるが，部分尤度法は発生が観察された事象のすべての積として尤度関数が表現される。したがって，次の式になる。

$$\mathrm{PL} = \prod_{k=1}^{K} L_k \qquad (A.6)$$

表 A.1 部分尤度法の計算例

i	t_i	k	L_k
1	2	1	$e^{\mathbf{bx}_1}/(e^{\mathbf{bx}_1} + e^{\mathbf{bx}_2} + \cdots + e^{\mathbf{bx}_{10}})$
2	4	2	$e^{\mathbf{bx}_2}/(e^{\mathbf{bx}_2} + e^{\mathbf{bx}_3} + \cdots + e^{\mathbf{bx}_{10}})$
3	5	3	$e^{\mathbf{bx}_3}/(e^{\mathbf{bx}_3} + e^{\mathbf{bx}_4} + \cdots + e^{\mathbf{bx}_{10}})$
4	5*		
5	6	4	$e^{\mathbf{bx}_5}/(e^{\mathbf{bx}_5} + e^{\mathbf{bx}_6} + \cdots + e^{\mathbf{bx}_{10}})$
6	9*		
7	11	5	$e^{\mathbf{bx}_7}/(e^{\mathbf{bx}_7} + e^{\mathbf{bx}_8} + e^{\mathbf{bx}_9} + e^{\mathbf{bx}_{10}})$
8	12*		
9	12*		
10	12*		

（注）i は個体の番号，t_i は個体 i が事象を経験した時間，あるいは，打ち切りにあった時間，k は事象を経験した順番，* は観察の打ち切りを表す

PL は部分尤度の関数であり，K はサンプル内の事象の総数である。

L_k がどのように構成されているかを理解するために表 A.1 の例を考えてみよう。ここでは 10 人の個体がサンプルにあり，その中で 5 人に事象が発生している。他の 5 人の個体は打ち切りになっている。観察期間が終了したために 3 人の観測が時点 12 で打ち切りになっている。個体 4 は時点 5 で打ち切りになり，個体 6 は時点 9 で打ち切りになった。これらの 2 人の個体は，死亡したり，意図的に観察から脱落したり，あるいは，追跡調査の面接ができないために，打ち切りになったのかもしれない。

説明を簡単にするために，個体は t_i，つまり，打ち切りにあった時点，あるいは，事象が発生した時点の順番で並べられている。最初の事象は，時点 2 で個体 1 に発生した。その時点ではサンプルの 10 人の個体すべてに事象が発生する可能性があった。さて，

時点 2 で個体 1 に事象が発生したとすると，事象が起きていない 9
人の個体に対してではなく，10 人すべての個体のうちの個体 1 に
事象が発生する確率はどのくらいであろうか？　この確率は L_1 で
あり，次のように表現することができる。

$$L_1 = \frac{h_1(2)}{h_1(2) + h_2(2) + \cdots + h_{10}(2)} \tag{A.7}$$

以前と同じように，ここで，$h_i(t)$ は時点 t における個体 i のハザ
ード率である。したがって，ハザード率は事象を経験した個体の時
点 2 のハザード率を，時点 2 で事象が生じる可能性のあるすべて
の個体のハザード率の合計で割ったものである。式 (A.7) は直感的
でかなりわかりやすいが，実際に正確に導き出すのはかなり大変で
あるので (Tuma, 1982)，ここでは詳細な説明は割愛する。

　L_i の式は，ハザード率が時間と独立変数によって規定されるど
のような形の関数でもよい。ただし，比例ハザードモデルの場合は
かなり単純化された式になる。比例ハザードモデルでは次のように
なる。

$$h(t) = \exp[a(t) + \mathbf{b}\mathbf{x}_i] = \exp[a(t)]\exp[\mathbf{b}\mathbf{x}_i] \tag{A.8}$$

ここで，$\mathbf{x}_i$ は個体 i の独立変数の列ベクトルで，$\mathbf{b}$ は偏回帰係数
の行ベクトルである。これを L_i の式に代入すると，$\exp[a(t)]$ の項
が消去され，次のようになる。

$$L_1 = \frac{\exp[\mathbf{b}\mathbf{x}_1]}{\exp[\mathbf{b}\mathbf{x}_1] + \exp[\mathbf{b}\mathbf{x}_2] + \cdots + \exp[\mathbf{b}\mathbf{x}_{10}]} \tag{A.9}$$

こうして消去すると，定義していなかった関数 $a(t)$ をまったく考
えずに，偏回帰係数のベクトル $\mathbf{b}$ を推定できる。

　L_2 も同じ方法でつくることができる。時点 4 で事象が発生した
とすると，L_2 は時点 4 で事象を経験する可能性があったすべての
個体の中で，個体 2 に事象が発生した確率である。唯一の違いは，

すでに事象を経験した個体1は，もはや時点4で事象を経験する可能性がないので，次の式になる。

$$L_2 = \frac{\exp[\mathbf{b}\mathbf{x}_2]}{\exp[\mathbf{b}\mathbf{x}_2] + \exp[\mathbf{b}\mathbf{x}_3] + \cdots + \exp[\mathbf{b}\mathbf{x}_{10}]} \quad \text{(A.10)}$$

L_3，L_4，L_5 は表 A.1 に書かれているようになる。

それぞれの L_k の値は，k 番目の事象が発生した正確な時間に依存しないことに注意しよう。これは，$(k-1)$ 番目の事象が発生した後から $(k+1)$ 番目の事象が発生するまでの任意の時点において同じ確率で事象が発生する可能性があることを意味している。したがって，部分尤度法に影響を与えるのは事象の発生の順序だけである。

部分尤度の関数ができれば，ニュートン=ラフソン法によって通常の尤度関数と同じように最大化して，パラメータの値を見つけることができる (Kalbfleisch & Prentice, 2002; Lawless, 2002)。

A.3　繰り返しのない離散時間の尤度関数

第2章では，事象に繰り返しがない場合，一つの観測対象に複数のレコード（データの行）を作成し，ロジスティック回帰を実行して推定を行ったが，この分析では個体内の非独立性についての修正は不要である。個体内の非独立性を考慮することは多くの場合で妥当であるが，ロジスティック回帰では必要ない。ロジスティック回帰で，一つの個体に複数のレコード（データの行）をつくるのは何か特別な分析のためでなく，尤度関数をデータに対して定義することと関係している (Allison, 1982)。

この点について簡単に説明しておこう。n 人の個体から構成されるサンプルがあり，最初の r 人に打ち切りは発生せず，残りの $n - r$ 人に打ち切りが生じたとしよう。元々，このデータには個体

一人につき一個の観測記録があり，このデータの尤度関数は，n 人のすべての個体の観測値の積として表すことができ，次の式になる。

$$L = \prod_{i=1}^{r} \Pr(T_i = t_i) \prod_{j=r+1}^{n} \Pr(T_i > t_i) \tag{A.11}$$

ここで，T_i は事象が発生した任意の時点を示す変数であり，t_i は対象が観測された時点，あるいは，対象に打ち切りが生じた時点である。式 (A.11) の一つひとつの確率は，次のように分解して書くことができる。時点 $t_i = 5$ で事象が発生した場合，式 (A.12) のようになる。

$$\Pr(T_i = 5) = P_{i5}(1 - P_{i4})(1 - P_{i3})(1 - P_{i2})(1 - P_{i1}) \tag{A.12}$$

ここで，P_{it} は離散時間のハザード率，つまり，時点 t より前に事象がまだ起きていない条件の下で，時点 t で事象が発生する条件付き確率である。この分解された式は条件付き確率の定義から導き出される。式 (A.12) の 5 つの項の一つひとつは独立したベルヌーイ試行と見なすことができる。

　同様に，観測が時点 4 で打ち切られた場合，尤度関数は次のように書くことができる。

$$\Pr(T_i > 4) = (1 - P_{i4})(1 - P_{i3})(1 - P_{i2})(1 - P_{i1}) \tag{A.13}$$

この式も，4 つの独立したベルヌーイ試行の尤度になる。

参考文献

Aalen, O., Borgan., O., & Gjessing, H. (2010). *Survival and event history analysis: A process point of view*. New York, NY: Springer.

Allison, P. D. (1982). Discrete-time methods for the analysis of event histories. In S. Leinhardt (Ed.), *Sociological methodology*, pp. 61-98. San Francisco, CA. Jossey-Bass.

Allison, P. D. (2005). *Fixed effects regression methods for longitudinal data using SAS*. Cary, NC: SAS Institute.

Allison, P. D. (2009). *Fixed effects regression models*. Thousand Oaks, CA: Sage.

Allison, P. D. (2010). *Survival analysis using SAS: A practical guide* (2nd ed.). Cary, NC: SAS Institute.

Allison, P. D. (2012). *Logistic regression using SAS: Theory and application* (2nd ed.). Cary, NC: SAS Institute.

Breslow, N. E. (1974). Covariance analysis of censored survival data. *Biometrics*, 30, 89-99.

Brown, C. C. (1975). On the use of indicator variables for studying the time-dependence of parameters in a response time model. *Biometrics*, 31, 863-872.

Cook, R. J., & Lawless, J. F. (2007). *The statistical analysis of recurrent events*. New York, NY: Springer.

Coviello, V., & Boggess, M. (2004). Cumulative incidence estimation in the presence of competing risks. *Stata Journal*, 4 (2), 103-112.

Cox, D. R. (1972). Regression models and life tables. *Journal of the Royal Statistical Society*, Series B 34, 187–202.

D'Agostino, R. B., Lee, M.-L., Belanger, A. J., Cupples, L. A., Anderson, K., & Kannel, W. B. (1990). Relation of pooled logistic regression to time dependent Cox regression analysis: The Framingham heart study. *Statistics in Medicine*, 9, 1501–1515.

Efron, B. (1977). The efficiency of Cox's likelihood function for censored data. *Journal of the American Statistical Association*, 72, 557–565.

Farewell, V. T., & Prentice, R. L. (1980). The approximation of partial likelihood with emphasis on case-control studies. *Biometrika*, 67, 273–278.

Fine, J. P., & Gray, R. J. (1999). Proportional hazards model for the subdistribution of a competing risk. *Journal of the American Statistical Association*, 94, 496–509.

Flinn, C. J., & Heckman, J. J. (1982a). New methods for analyzing individual event histories. In S. Leinhardt (Ed.), *Sociological methodology*, pp. 99–140. San Francisco, CA: Jossey-Bass.

Flinn, C. J., & Heckman, J. J. (1982b). Models for the analysis of labor force dynamics. In G. Rhodes & R. Basmann (Eds.), *Advances in econometrics*, pp. 35–95. New Haven, CT: JAI.

Gail, M. H., Santner, T. J., & Brown, C. C. (1980). An analysis of comparative carcinogenesis experiments based on multiple times to tumor. *Biometrics*, 36, 255–266.

Glasser, M. (1967). Exponential survival with covariance. *Journal of the American Statistical Association*, 62, 561–568.

Heckman, J. J., & Singer, B. (1982). The identification problem in econometric models for duration data. In W. Hildebrand (Ed.), *Advances in econometrics*. Cambridge, UK: Cambridge University Press.

Holford, T. R. (1980). The analysis of rates and of survivorship using log-linear models. *Biometrics*, 36, 299–305.

Hougaard, P. (2000). *Analysis of multivariate survival data*. New York, NY: Springer.

Huber, P. J. (1967). The behavior of maximum likelihood estimates under nonstandard conditions. *Proceedings of the Fifth Berkeley Symposium on Mathematical Statistics and Probability*, 1, 221–223.

Kalbfleisch, J. D., & Prentice, R. L. (2002). *The statistical analysis of failure time data* (2nd ed.). New York, NY: Wiley.

Kaplan, E. L., & Meier, P. (1958). Nonparametric estimation from incomplete observations. *Journal of the American Statistical Association*, 53, 457–481.

Klein, J. P., & Moeschberger, M. L. (2003). *Survival analysis: Techniques for censored and truncated data* (2nd ed.). New York, NY: Springer.

Kohl, M., & Heinze, G. (2012, August). *PSHREG: A SAS macro for proportional and nonproportional substribution hazards regression with competing risk data*. Technical report. Available at http://cemsiis.meduniwien.ac.at/fileadmin/msi_akim/CeMSIIS/KB/programme/tr08_2012-PSHREG.pdf

Laird, N., & Olivier, D. (1981). Covariance analysis of censored survival data using log-linear analysis techniques. *Journal of the American Statistical Association*, 76, 231–240.

Lawless, J. F. (2002). *Statistical models and methods for lifetime data* (2nd ed.). New York, NY: John Wiley.

Long, J. S. (1997). *Regression models for categorical and limited dependent variables*. Thousand Oaks, CA: Sage.

Long, J. S., Allison, P. D., & McGinnis, R. (1979). Entrance into the academic career. *American Sociological Review*, 44, 816–830.

Mantel, N., & Hankey, B. (1978). A logistic regression analysis of response-time data where the hazard function is time-dependent. *Communications in statistics-Theory and methods*, A7, 333–347.

Marubini, E., & Valsecchi, M. G. (1995). *Analysing survival data from clinical trials and observational studies.* New York, NY: Wiley.

Nelson, W. B. (2003). *Recurrent events data analysis for product repairs, disease recurrences, and other applications.* Philadelphia, PA: Society for Industrial and Applied Mathematics.

Peterson, A. V. Jr. (1976). Bounds for a joint distribution with fixed sub-distribution functions: application to competing risks. *Proceedings of the National Academy of Sciences*, 73, 11-13.

Pintilie, M. (2006), *Competing risks: A practical perspective.* New York, NY: Wiley.

Prentice, R. L, & Gloeckler, L. A. (1978). Regression analysis of grouped survival data with application to breast cancer. *Biometrics*, 34,: 57-67.

Prentice, R. L., & Pyke, R. (1979). Logistic disease incidence models and case control studies. *Biometrika*, 66, 403-411.

Prentice, R. L., Williams, B. J., & Peterson, A. V. (1981). On the regression analysis of multivariate failure data. *Biometrika*, 68, 373-374.

Preston, S., Heuveline, P., & Guillot, M. (2000). *Demography: Measuring and modeling population processes.* New York, NY: Wiley-Blackwell.

Rossi, P. H., Berk, R. A., & Lenihan, K. J. (1980). *Money, work and crime: Some experimental results.* New York, NY: Academic.

Singer, B., & Spilerman, S. (1976). The representation of social processes by Markov models. *American Journal of Sociology*, 82, 1-54.

Schoenfeld, D. (1982). Partial residuals for the proportional hazards regression model. *Biometrika*, 69, 239-241.

Sørensen, A. B. (1977). Estimating rates from retrospective questions. In D. R. Heise (Ed.), *Sociological methodology.* San Francisco, CA: Jossey-Bass.

Therneau, T. M., & Grambsch, P. M. (2000). *Modeling survival data:*

Extending the Cox model. New York, NY: Springer.

Tsiatis, A. (1975). A nonidentifiability aspect of the problem of competing risks. *Proceedings of the National Academy of Sciences*, 72, 20–22.

Tuma, N. B. (1976). Rewards, resources and the rate of mobility: A nonstationary multivariate stochastic model. *American Sociological Review*, 41, 338–360.

Tuma, N. B. (1982). Nonparametric and partially parametric approaches to event history analysis. In S. Leinhardt (Ed.), *Sociological Methodology*, pp. 1–60. San Francisco, CA: Jossey-Bass.

Tuma, N. B., & Hannan, M. T. (1978). Approaches to the censoring problem in analysis of event histories. In K. F. Schuessler (Ed.), *Sociological methodology*. San Francisco, CA: Jossey-Bass.

Tuma, N. B., Hannan, M. T., & Groeneveld, L. D. (1979). Dynamic analysis of event histories. *American Journal of Sociology*, 84, 820–854.

White, H. (1980). A heteroskedasticity-consistent covariance matrix estimator and a direct test for heteroskedasticity. *Econometrica*, 48, 817–838.

Zippin, C., & Armitage, P. (1966). Use of concomitant variables and incomplete survival information in the estimation of an exponential survival parameter. *Biometrics*, 22, 665–672.

訳者補遺
Rによる分析例

福田亘孝

B.1 はじめに

本訳書の原著 *Event History and Survival Analysis (Second Edition)* ではデータ分析の例として「SAS」と「Stata」のプログラムが掲載されている。これら二つのソフトは利用者の数も多く，定評のある完成度の高い統計分析のソフトウェアである。したがって，生存時間分析やイベント・ヒストリー分析を行うのに適したソフトウェアであることは言うまでもない。しかし，他方で「SAS」や「Stata」は有料の商業版ソフトウェアであり，分析を実際に試してみるには経済的なハードルが高い。

計量分析に習熟するには分析手法の背後にある統計理論を理解することは必須である。しかし，同時に，プログラムを書き，計量分析のソフトウェアを走らせ実際にデータを解析してみることも不可欠である。こうした点から見ると，経済的なハードルの高い有料のソフトウェアは確かにバグも少なく動作が安定しているが，実際にデータを分析してみる機会が相対的に限られてしまう。他方，無料のソフトウェアは経済的なハードルが低く，データを実際に分析してみるのが容易である。特に，近年，フリーのソフト「R」

が急速に普及しつつあり，経済的な負担を考えずに計量分析を行うことができるようになっている。さらに，R の統合開発環境である「RStudio」の出現によりユーザインタフェースが改善され，RStudio を使って R を操作することでユーザフレンドリーな環境で計量分析を行うことが可能になっている。

　本章では上述した点をふまえ，本書で取り上げられている生存時間分析やイベント・ヒストリー分析の実例をいくつか取り上げ，その分析を R と RStudio で行う方法を説明する[1]。R や RStudio のインストール，初期設定，基本操作などについてはすでに数多くの本が出版されており，また，インターネット上にも無数の解説記事が掲載されている。したがって，本章では R や RStudio の基本的な使い方は解説せず，生存時間分析やイベント・ヒストリー分析に焦点を当てて説明をする。R や RStudio の使い方について理解を深めたい読者は他書を参照していただきたい。また，本書でも言及されているように，分析の実例で使用されたデータセットは下記の「Statistical Horizons」のホームページで公開されているので必要に応じてダウンロードして使用可能である。

　　https://statisticalhorizons.com/resources/data-sets

B.2　カプラン・マイヤー法による生存率の推定

　本書ではあまり触れられていないが，生存時間分析やイベント・ヒストリー分析では事象の発生の特徴を把握する際に，ノンパラメトリックなカプラン・マイヤー法を用いた生存率やハザード率の推定を行うことが多い。カプラン・マイヤー法については生存時間分析やイベント・ヒストリー分析を扱った多くの書籍で説明されてい

---

[1] プログラムは https://www.kyoritsu-pub.co.jp/bookdetail/
9784320114111 からダウンロードできる。

るので詳細は他書に譲る。本節では理論的説明は最低限に留め，本書の表 2.1 の 301 人の生化学者を例として取り上げて R での実行の仕方を中心に説明する。

事象が発生した時点を $t_1, t_2, t_3, \ldots, t_n$ とする。時点 t_1 のリスク集合の大きさ l_1，時点 t_1 で発生した事象の数を d_1 とする。同じように，時点 t_2 のリスク集合の大きさ l_2，時点 t_2 で発生した事象の数を d_2 とし，時点 t_n のリスク集合の大きさ l_n，時点 t_n に発生した事象の数を d_n とする。このとき，時点 t_n におけるカプラン・マイヤー法による生存率 S_n の推定値は

$$S(t_n) = \left(1 - \frac{d_1}{l_1}\right) \times \left(1 - \frac{d_2}{l_2}\right) \times \cdots \times \left(1 - \frac{d_n}{l_n}\right)$$
$$= \prod_{k=1}^{n} \left(1 - \frac{d_k}{l_k}\right) \tag{B.1}$$

で定義される。式 (B.1) で定義された生存率の推定を R で行うには survival というパッケージを使用する (Moore, 2016)。したがって，このパッケージを R にインストールして読み込ませておく必要がある。加えて，本節で使用するデータセットは「Statistical Horizons」のホームページで公開されているが SAS と Stata のデータ形式であるため，R 以外のデータを R に読み込むのを可能にするパッケージである haven もインストールする。具体的には以下のように install.packages 関数でパッケージのインストールを行い，library 関数で読み込む。すでにインストールされているパッケージは読み込むだけで使える。

```
install.packages("haven")
install.packages("survival")

library(haven)
```

```
library(survival)
```

　次に，表 2.1 は rank.dta（あるいは，rank.sas7bdat）という
データを使用してつくられているので，このデータを R に読み込
む。データの読み込みは「Statistical Horizons」のホームページ
からデータファイル自体をパソコンにダウンロードして行うことも
できるが，ここではホームページから直接オンラインでデータを読
み込む。これには以下のコマンドを実行すればよい。

```
rank <- read_dta(
   "https://statisticalhorizons.com/wp-content/uploads/rank.dta")
```

このコマンドでは，read_dta 関数でオンライン上のデータを R に
取り込み rank という名前のデータフレームに格納している。read
_dta ではデータがアップロードされている URL を括弧の中に引数
として指定する。その後，データが R に読み込まれて rank という
データフレームに格納される。

　カプラン・マイヤー法による生存率の推定を行うには survfit
(Surv(変数 1，変数 2，変数 3) ~ 1, type = "kaplan-meier",
data = データ)と指定する。変数 1 は個体の観測を開始した時点
を示す変数であり，変数 2 は個体の観測を終了した時点の変数で
ある。変数 3 は事象の発生を表す変数で，0 は個体に打ち切りが起
きたケース，それ以外の値は事象が生じたケースになる。生存時
間分析では打ち切りは 0，事象の発生は 1 をとる二値変数の場合が
多いが，Surv 関数では 0 以外の値はすべて事象が起きたと見なさ
れる。また，カプラン・マイヤー法はもっと簡略化して survfit
(Surv(変数 1，変数 2) ~ 1, type = "kaplan-meier", data =
データ)と書いても実行できる。この場合は，変数 1 は個体の観

測期間を表す変数であり，**変数 2** は事象の発生を表す変数になる。実際に rank データを使って推定するには以下のコマンドを入力する。

```
km_est <- survfit(Surv(dur,promo) ~ 1,
                  type="kaplan-meier", data = rank)
summary(km_est)
```

```
Call: survfit(formula = Surv(dur, promo) ~ 1, data = rank, type = "kaplan-meier")

time n.risk n.event survival std.err lower 95% CI upper 95% CI
   1    301       1    0.997 0.00332        0.990        1.000
   2    299       1    0.993 0.00469        0.984        1.000
   3    292      17    0.936 0.01431        0.908        0.964
   4    263      42    0.786 0.02431        0.740        0.835
   5    211      53    0.589 0.02970        0.533        0.650
   6    149      46    0.407 0.03030        0.352        0.471
   7     96      31    0.276 0.02825        0.225        0.337
   8     59      15    0.205 0.02622        0.160        0.264
   9     42       7    0.171 0.02484        0.129        0.228
  10     29       4    0.148 0.02406        0.107        0.203
```

ここでは生化学者の勤続年数の変数 dur が個体の観測期間を表す変数，promo が事象の発生を示す変数になっている。そして，type="kaplan-meier"でカプラン・マイヤー法による推定を宣言し，data = rank で使用するデータを指定している。そして，この推定結果を km_est というオブジェクトに入れ，summary(km_est)で結果を出力させている。

　出力結果では 1 年目から 10 年目までのリスク集合の大きさが n.risk の列に，発生した事象の数が n.event の列に，生存率が survival の列に 1 年ごとに記述されている。生存率は，たとえば，男女別，学歴別というように独立変数の値ごとに推定することも可能である。その場合には survfit(Surv(**変数 1，変数 2**) ~ **独立変数**, type = "kaplan-meier", data = **データ**)のように "~ 1"

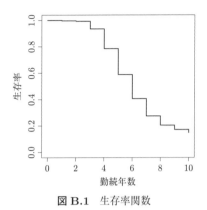

図 B.1 生存率関数

を "~ **独立変数**" に変えればよい。さらに，独立変数ごとに生存曲線が有意に異なっているかはログランク検定 (log-rank test) や一般化ウィルコクソン検定 (generalized Wilcoxon test) で検討する。ログランク検定は survdiff(Surv(**変数**1, **変数**2) ~ **独立変数**, data = **データ**, ho = 0)，一般化ウィルコクソン検定は survdiff(Surv(**変数**1, **変数**2) ~ **独立変数**, data = **データ**, ho = 1) で行う。

生存率はグラフに出力することも可能で，そのためには以下のコマンドを入力する（図 B.1）。

```
plot(km_est, main="生存率関数",
    xlab="勤続年数", ylab="生存率", conf.int = FALSE)
```

本書でも述べられているように生存時間分析やイベント・ヒストリー分析で重要な概念の一つは「ハザード率」であり，ある時点でリスク集合に入っている個体が，その時点で事象を経験する確率を表している。したがって，ハザード率の推定値を求めるに

は，特定の時点に発生した事象の数を，事象を経験する可能性のある個体数で割ればよい。生化学者の例では n.event の値を n.risk の値で割れば1年ごとのハザード率が計算できる。これを実行するには以下のようにする。

```
hr <-as.matrix(km_est$n.event/km_est$n.risk)
h_rate <- cbind(km_est$n.risk, km_est$n.event, hr)
colnames(h_rate) <- c("リスク集合の大きさ","昇進した人数",
                      "ハザード率")
print(h_rate)
```

	リスク集合の大きさ	昇進した人数	ハザード率
[1,]	301	1	0.003322259
[2,]	299	1	0.003344482
[3,]	292	17	0.058219178
[4,]	263	42	0.159695817
[5,]	211	53	0.251184834
[6,]	149	46	0.308724832
[7,]	96	31	0.322916667
[8,]	59	15	0.254237288
[9,]	42	7	0.166666667
[10,]	29	4	0.137931034

n.event の値は km_est というオブジェクトに格納されているので，hr から始まる行では km_est$n.event で取り出している。同様に n.risk の値も km_est$n.risk で取り出し，前者を後者で割って毎年のハザード率を求める。そして，ハザード率を as.matrix で10行1列の行列にして hr というオブジェクトに入れている。次の h_rate では出力結果を見やすくするために1年ごとのリスク集合の値 km_est$n.risk，事象の発生数 km_est$n.event，ハザード率 hr を一つにまとめた行列を作り h_rate に格納している。最後に colnames(h_rate) で h_rate の1列目に「リ

スク集合の大きさ」，2 列目に「昇進した人数」，3 列目に「ハザード率」という名前をつけ，print(h_rate) で結果を出力している。これにより，表 2.1 とほぼ同じ表を作ることができる。

B.3　離散時間モデルの分析方法

　本書の第 2 章では離散時間を用いた分析手法が取り上げられている。本節では R を使った離散時間モデルの分析方法を説明する。本節の分析では三つのパッケージを使う。一つ目は B.2 で使用した haven パッケージである。二つ目のパッケージは tidyverse である。第 2 章の離散時間による生存時間分析で用いられている生化学者のデータは rank.dta（あるいは，rank.sas7bdat）であるが，分析を行うにはこれを「パーソン・ペリオド」データに加工する必要がある。この際に tidyverse のパッケージに含まれている関数を使用する。三つ目は，出力した回帰分析の表の体裁を見やすい形式に変形するためのパッケージ stargazer である。

　これらのパッケージを R に追加し使用可能にするには，以下のコマンドを実行する。すでに haven が R に読み込まれている場合はこのパッケージのインストールは不要である。

```
install.packages("tidyverse")
install.packages("stargazer")

library(haven)
library(tidyverse)
library(stargazer)
```

▲	dur	promo	undgrad	phdmed	phdprest	art1	art2	art3	art4	art5	art6	art7
1	10	0	7.00	0	2.21	0	0	2	2	2	2	2
2	4	1	6.00	0	2.21	8	10	14	18	NA	NA	NA
3	4	0	4.95	0	2.21	0	0	0	2	NA	NA	NA
4	10	0	2.00	1	4.54	2	3	3	3	3	4	6
5	7	1	5.00	1	2.15	1	1	1	2	2	3	5
6	6	1	4.95	0	4.54	0	2	3	5	5	6	NA
7	10	0	6.00	1	4.54	5	5	5	5	5	5	5
8	6	1	4.00	1	2.96	3	4	7	8	8	9	NA
9	4	0	4.00	1	1.63	8	8	10	11	NA	NA	NA
10	5	1	5.00	1	2.96	0	1	1	1	2	NA	NA
11	6	1	5.00	1	1.63	8	10	12	18	20	24	NA
12	6	0	4.95	1	2.86	6	9	12	14	21	25	NA

Showing 1 to 13 of 301 entries

図 B.2 ワイド形式

データの読み込みと加工 最初に，第 2 章の 301 人の生化学者の tarp.dta データを前節で行ったのと同じようにオンラインでデータを R に読み込むために以下のコマンドを実行する。

```
rank <- read_dta(
  "https://statisticalhorizons.com/wp-content/uploads/rank.dta")
View(rank)
```

次に，データセットの構造を確認するためにデータビュー・パネルに表示させるために View(rank) を入力して出力させている（図 B.2）。

データビュー・パネルに表示されたデータセットを見ればわかるように，このデータは一つの行が個体一ケースになっているワイド形式である。離散時間モデルを行うにためにはロング形式の人年データにする必要がある。したがって，rank をこの形式のデータに変換しなければならない。データの加工は以下のプロセスで行う。

```
rank <- tibble::rowid_to_column(rank, var="id")

rank2 <- rank %>%
    gather(art1:art10, key=art, value=art_n, na.rm = TRUE) %>%
    arrange(id) %>%
    select(-art) %>%
    rename(art=art_n) %>%
    rowid_to_column("rowid")

rank3 <- rank %>%
    gather(cit1:cit10, key=cit, value=cit_n, na.rm = TRUE) %>%
    arrange(id) %>%
    select(id, cit_n) %>%
    rename(cit=cit_n) %>%
    rowid_to_column("rowid")

rank4 <- rank2 %>%
    inner_join(rank3, by="rowid") %>%
    rename(id=id.x) %>%
    select(!(cit1:cit10), -id.y, -rowid)

rank5 <- rank4 %>%
  arrange(id) %>%
  group_by(id) %>%
  mutate(year = row_number())

View(rank5)
```

　rank から始まる 1 行目の rowid_to_column 関数では R に読み込んだデータに個体を識別する id という変数を作成して 1 から 301

までの番号を与えている。次に，rank2 から始まるスクリプトの
gather 関数では rank データにある art1 から art10 までの変数
をロング形式に変換している。すなわち，この 10 個の変数は一人
の生化学者が 1 年目から 10 年目までのそれぞれの年に発表した論
文数である。この 10 個の変数を横に並べたワイド形式から縦に並
べたロング形式に変換している。具体的には art1 から art10 まで
の変数名を art という変数に入れるように key=art で指定し，次
の value=art_n で art_n という変数を新たにつくり，一人の生化
学者が 1 年目に発表した論文数 art1 の値を art_n の 1 行目に，2
年目に発表した論文数 art2 の値を 2 行目にというように，10 年
目までの論文数を縦に 10 行並べている。さらに，10 年以内に大学
を辞めた場合は変数の値が欠損値になるので，欠損値になった行
はデータセットから削除するように na.rm = TRUE を指定してい
る。以降の arrange(id) ではロング形式に変換したデータを個体
識別変数 id で並べ替え，続く select(-art) では不要になった変
数 art を削除し，rename(art=art_n) で新しくつくった変数 art_n
の名前を art に変更している。最後の rowid_to_column("rowid")
では，ロング形式に変換したデータセットの行の番号を示す rowid
という変数を新たにつくり，この加工したデータを最終的に rank2
という名前のデータフレームに格納している。

　rank3 から始まるスクリプトでの操作も rank2 とほぼ同じであ
る。cit1 から cit10 までは生化学者が発表した論文を他の研究者
が引用した数を 1 年目から 10 年目まで毎年集計した値を横に 10
個並べている。最初に gather 関数で cit1 から cit10 までの変数
名を cit という変数に入れるように key=cit で指定し，value=
cit_n で cit_n という変数を新たにつくり，1 年目の論文の被引用
数 cit1 の値をこの変数の 1 行目に，2 年目 cit2 の値を 2 行目に
というようにして，10 年目までの被引用数を縦に 10 行並べてい

る。続く，arrange(id) ではデータを変数 id で並べ替え，select(id, cit_n) ではデータから必要な変数 id と cit_n を取り出している。その後，rename(cit=cit_n) で変数 cit_n の名前を cit に変更し，rowid_to_column("rowid") ではデータセットの行の番号を示す rowid という変数を作成している。そして最後に，加工したデータを rank3 という名前のデータフレームに格納している。

　rank4 から始まるスクリプトでは rank2 と rank3 の二つのデータフレームを結合している。最初の inner_join(rank3, by = "rowid") では rank2 と rank3 の二つのデータで共通している変数 rowid を基準にして値が同一のケースを横に結合している。続く rename(id=id.x) では rank2 と rank3 を結合したために id.x に名前が変わってしまった rank2 の変数を元の id という名前に戻している。そして，select(!(cit1:cit10), -id.y, -rowid) では結合した rank4 のデータフレームから不要な変数 id.y と rowid を削除している。最後の rank5 から始まるスクリプトでは，まず rank4 のデータを arrange(id) で id 番号によって並べ替え，次に group_by(id) で生化学者を一人ずつ取り出し，mutate(year = row_number()) で勤続年数を示す変数 year を新たにつくっている。こうして完成したデータを View(rank5) で見てみるとワイド形式だった rank データが rank5 ではロング形式の人年データになっていることが確認できる（図 B.3）。

　rank5 では変数 dur は生化学者が昇進した場合には昇進するまでの年数，打ち切りを経験した場合にはそれまでの年数を示している。一方，変数 promo は生化学者が昇進した場合には 1，昇進しなかった，あるいは，打ち切りになった場合には 0 をとる変数である。

▲	id	dur	promo	undgrad	phdmed	phdprest	prest1	prest2	jobtime	art	cit
1	1	10	0	7.00	0	2.21	2.36	2.36	NA	0	0
2	1	10	0	7.00	0	2.21	2.36	2.36	NA	0	0
3	1	10	0	7.00	0	2.21	2.36	2.36	NA	2	1
4	1	10	0	7.00	0	2.21	2.36	2.36	NA	2	1
5	1	10	0	7.00	0	2.21	2.36	2.36	NA	2	1
6	1	10	0	7.00	0	2.21	2.36	2.36	NA	2	1
7	1	10	0	7.00	0	2.21	2.36	2.36	NA	2	1
8	1	10	0	7.00	0	2.21	2.36	2.36	NA	2	1
9	1	10	0	7.00	0	2.21	2.36	2.36	NA	2	1
10	1	10	0	7.00	0	2.21	2.36	2.36	NA	2	1
11	2	4	1	6.00	0	2.21	1.84	2.88	3	8	27
12	2	4	1	6.00	0	2.21	1.84	2.88	3	10	44

Showing 1 to 13 of 1,741 entries

図 B.3　ロング形式

```
rank6 <- rank5 %>%
    mutate(promo=if_else(year < dur,
            true=0, false=promo)) %>%
    mutate(jobtime=replace_na(jobtime, 0)) %>%
    mutate(jobpres=if_else(year>=jobtime,
            true=prest2, false=prest1))
```

2〜3行目の mutate 関数によって昇進するまでの年では promo の値が 0 をとり，昇進した年には 1 をとるように rank5 のデータを修正している。変数 jobtime は生化学者が職場を変わった場合には何年目から現在の職場に異動してきたかを示している。したがって，職場の異動を経験していない生化学者では値が欠損値になっている。4行目の mutate 関数は jobtime が欠損値の場合，値を 0 に変更している。さらに，変数 prest2 には生化学者の勤務先大学の威信を示す値が入っている。職場を異動した生化学者の場合は以前に働いていた大学の威信を示す値が prest1 に入っている。5〜6行目の mutate 関数では，職場を異動していない場合は勤務先大学

の威信を示す値を変数 jobpres にしている。他方，職場が変わっ
た生化学者については，異動する前の年の jobpres には以前働い
ていた大学の威信を示す値，異動してからの年には現在働いている
大学の威信を示す値を入れている。この結果，変数 jobpres は時
間依存変数になっている。

離散時間モデルの実行　離散時間のイベント・ヒストリー分析で
は，人年形式にしたデータに対して離散時間ハザード率の対数を従
属変数にしたロジスティック回帰がよく用いられている。すでに，
rank6 という人年形式のデータセットを作成しているので，これ
に対してロジスティック回帰を実行すれば離散時間モデルになる。
R でロジスティック回帰を行うには glm(従属変数 ～ 独立変数,
data = データ, family = binomial(link="logit")) と書く。
本書の表 2.2 で示された離散時間モデルの分析は以下のプログラ
ムで実行できる。

```
model1 <- glm(promo ~ undgrad+phdmed+phdprest+jobpres+art
                 +cit, data = rank6,
              family = binomial(link="logit"))
summary(model1)
```

```
Call:
glm(formula = promo ~ undgrad + phdmed + phdprest + jobpres +
    art + cit, family = binomial(link = "logit"), data = rank6)

Deviance Residuals:
    Min      1Q   Median      3Q     Max
-1.9808  -0.5158  -0.4148  -0.3382   2.5877

Coefficients:
            Estimate Std. Error z value Pr(>|z|)
(Intercept) -2.963675   0.421073  -7.038 1.94e-12 ***
```

```
undgrad       0.180277   0.060753   2.967   0.0030 **
phdmed       -0.265055   0.161478  -1.641   0.1007
phdprest     -0.002998   0.088634  -0.034   0.9730
jobpres      -0.253530   0.105452  -2.404   0.0162 *
art           0.127093   0.016577   7.667 1.76e-14 ***
cit          -0.001455   0.001259  -1.155   0.2479
---
Signif. codes:  0 '***' 0.001 '**' 0.01 '*' 0.05 '.' 0.1 ' ' 1


(Dispersion parameter for binomial family taken to be 1)


    Null deviance: 1309.5  on 1740  degrees of freedom
Residual deviance: 1191.1  on 1734  degrees of freedom
AIC: 1205.1


Number of Fisher Scoring iterations: 5
```

まず，glm 関数で promo を従属変数，undgrad（学部選抜度），
phdmed（医学博士），phdprest（博士号取得大学威信），jobpres
（勤務先大学威信），art（論文数），cit（被引用数）を独立変数と
する回帰式を指定する。data = rank6 で rank6 をデータとして
使用することを宣言し，family = binomial(link = "logit") で
ロジスティック回帰を指定している。そして，このモデルの推定結
果を model1 というオブジェクトに格納し，summary(model1) で
推定された偏回帰係数や検定結果などを出力させる。出力結果を
もう少し見やすくするには stargazer(model1, type = "text")
と入力し model1 の推定結果を整理すればよい。さらに，ここで出
力された偏回帰係数は対数オッズで表された従属変数に対する効果
を示している。したがって，対数でないオッズの値を見るには次の
ように model1 で推定された偏回帰係数を指数変換すればよい。

```
exp((coefficients(model1)))
```

```
 (Intercept)      undgrad       phdmed      phdprest
  0.05162885   1.19754894   0.76716399   0.99700647
      jobpres          art          cit
  0.77605656   1.13552312   0.99854637
```

　表 2.2 のモデル 2 も同様の方法でロジスティック回帰を行うことができる。モデル 2 はモデル 1 に勤続年数と勤続年数の二乗の二つの変数が独立変数として追加されているのでこれらをモデル式に追加する。注意すべき点は二乗値の指定の仕方であるが，I(year^2) で year という変数の二乗の値を独立変数にしている（出力結果は省略）。

```
model2 <- glm(promo ~ undgrad+phdmed+phdprest+jobpres+art+cit
                +year+I(year^2), data = rank6,
              family = binomial(link = "logit"))
summary(model2)
```

model3 は model2 に phdprest と year の交互作用項を独立変数に加えている。交互作用項は year:phdprest というように二つの変数をコロンでつなげて作成する（出力結果は省略）。

```
model3 <- glm(promo ~ undgrad+phdmed+phdprest+jobpres+art+cit+year
                +I(year^2)+year:phdprest, data = rank6,
              family = binomial(link = "logit"))
summary(model3)
```

　これまで分析した三つの結果を一つにまとめて偏回帰係数の値を比較したい場合は，次のように stargazer コマンドで表に入れる

モデルを指定する。こうすると三つのモデルの偏回帰係数の値と有
意水準が縦に並んで出力されるので，容易に比べることができる。

```
stargazer(model1, model2, model3, type ="text")
```

```
=================================================
                      Dependent variable:
                 --------------------------------
                               promo
                    (1)        (2)        (3)
-------------------------------------------------
undgrad          0.180***   0.194***   0.197***
                 (0.061)    (0.064)    (0.064)

phdmed           -0.265     -0.236     -0.258
                 (0.161)    (0.172)    (0.173)

phdprest         -0.003     0.027      0.572**
                 (0.089)    (0.093)    (0.286)

jobpres          -0.254**   -0.254**   -0.264**
                 (0.105)    (0.114)    (0.114)

art              0.127***   0.073***   0.075***
                 (0.017)    (0.018)    (0.018)

cit              -0.001     0.0001     0.0001
                 (0.001)    (0.001)    (0.001)

year                        2.082***   2.449***
                            (0.234)    (0.309)

I(year2)                    -0.159***  -0.162***
                            (0.020)    (0.021)

phdprest:year                          -0.101**
                                       (0.050)

Constant         -2.964***  -8.485***  -10.367***
                 (0.421)    (0.776)    (1.268)
```

```
------------------------------------------------
Observations        1,741     1,741     1,741
Log Likelihood    -595.566  -506.013  -503.921
Akaike Inf. Crit. 1,205.132 1,030.025 1,027.841
================================================
Note:                    *p<0.1; **p<0.05; ***p<0.01
```

本書では model3 の分析結果が割愛されているが R の出力を見ると，phdprest と year の交互作用項の偏回帰係数の値は −0.10 であり，5% 水準で統計的に有意になっている。

　離散時間のイベント・ヒストリー分析ではロジスティック回帰がよく用いられるが本書の式 (2.4) のように従属変数をオッズ比ではなくハザード比にした補対数対数モデルが使用される場合もある。これを実行するには回帰式の指定でリンク関数をロジスティック関数ではなく補対数対数関数にする。具体的には model4 に示されているように family = binomial(link = "logit") を family = binomial(link = "cloglog") に変更し補対数対数関数を指定する。独立変数，従属変数，データの指定は model1 や model2 と全く同じであり，summary を使って最尤法による推定結果を出力させる方法も同じである（出力結果は省略）。

```
model4 <- glm(promo ~ undgrad+phdmed+phdprest+jobpres+art+cit+year
                 +I(year^2), data = rank6,
              family = binomial(link = "cloglog"))
summary(model4)
```

尤度比検定　本書でも言及されているように，あるモデルが別のモデルの「入れ子」構造である場合には尤度比検定によって独立変数の有意性を検定できる。別の言い方をすると，モデル B の独立変数がモデル A の独立変数をすべて含み，加えて，別の独立変数が

追加されている場合に二つのモデルの適合度に有意な差が存在するかどうかを尤度比によって検定できる。尤度比検定を行うには anova(モデル A, モデル B, test="Chisq") の形式で比較するモデルを指定する。たとえば，model1 と model2 に尤度比検定を行うには以下のようにする。

```
lm_test <- anova(model1, model2, test="Chisq")
print(lm_test)
```

```
Analysis of Deviance Table

Model 1: promo ~ undgrad + phdmed + phdprest + jobpres + art + cit
Model 2: promo ~ undgrad + phdmed + phdprest + jobpres + art + cit + year +
    I(year^2)
  Resid. Df Resid. Dev Df Deviance  Pr(>Chi)
1      1734     1191.1
2      1732     1012.0  2   179.11 < 2.2e-16 ***
---
Signif. codes:  0 '***' 0.001 '**' 0.01 '*' 0.05 '.' 0.1 ' ' 1
```

ここでは anova 関数で model1 や model2 に尤度比検定を行い，結果を lm_test に保存している。そして，print(lm_test) でこの尤度比検定の結果を表形式で出力させている。尤度比検定の結果は Pr(>Chi) に示されていて，自由度 (Df) 2 のカイ二乗分布において 0.1% 水準で有意になっている。したがって，准教授への昇進するハザード率は勤続年数と勤続年数の二乗に影響されると推測できる。

B.4　パラメトリックな分析モデル

パラメトリックな生存時間分析は事象の発生時間の分布に仮定

をおいている。一般的に使われるのは指数分布，ワイブル分布，ゴンペルツ分布，対数正規分布，対数ロジスティック分布，ガンマ分布，一般化ガンマ分布などである。これらの分布は時間が経過するにつれて生じる事象のパターンが異なっており，ハザード率の時間的変化も違った形状をしている。したがって，どのような分布を仮定するかによって使用するモデルが異なる。

　パラメトリックな生存時間分析を行うために本節では以下の三つのパッケージを使用する。一つ目は前節ですでに使用した haven パッケージである。二つ目は eha パッケージ，三つ目は flexsur パッケージであり，いずれも生存時間分析のためのパッケージである (Jackson, 2016)。R には生存時間分析を行うパッケージが複数あるが，本節ではこれら 2 つを使用する。前節と同じようにパッケージをインストールし，読み込む。

```
install.packages("eha")
install.packages("flexsurv")

library(haven)
library(eha)
library(flexsurv)
```

　本書の第 3 章では recid.dta というデータを使って分析が行われているので，最初にこのデータを以下の手順で R に読み込み，データビュー・パネルに表示させて，データの構造を確認する。

```
recid <- read_dta(
  "https://statisticalhorizons.com/wp-content/uploads/recid.dta")
View(recid)
```

ワイブル回帰モデルの分析   ワイブル回帰モデルの分析を実行す
るには eha パッケージの phreg コマンドを使用する。具体的には
phreg(Surv(**変数1, 変数2, 変数3**) ~ **独立変数**, data = **デー
タ**, dist = "weibull") と指定する。**変数1**は個体の観測の開始
時点の変数で,**変数2**は観測の終了時点の変数である。**変数3**は
事象の発生を表す変数で,0は個体に打ち切りが起きたケース,1
は事象が生じたケースになる。最後に dist = "weibull"をつける
ことでワイブル分布を仮定したモデルを指定している。また,こ
のコマンドは phreg(Surv(**変数1, 変数2**) ~ **独立変数**, data =
データ, dist = "weibull") とすることも可能で,この場合は**変
数1**が個体の観測期間の変数で,**変数2**が事象の発生になる。た
とえば,本書の表 3.1 のワイブル回帰モデルを実行するには以下の
ようにする。

```
model5 <- phreg(Surv(week, arrest) ~ fin+age+race+wexp+mar
                +paro+prio, data = recid, dist="weibull")
print(model5)
```

```
Call:
phreg(formula = Surv(week, arrest) ~ fin + age + race + wexp +
    mar + paro + prio, data = recid, dist = "weibull")

Covariate     W.mean     Coef Exp(Coef)  se(Coef)   Wald p
fin            0.511   -0.382     0.682     0.191    0.046
age           24.765   -0.057     0.944     0.022    0.009
race           0.872    0.316     1.371     0.308    0.306
wexp           0.596   -0.150     0.861     0.212    0.481
mar            0.132   -0.437     0.646     0.382    0.253
paro           0.622   -0.083     0.921     0.196    0.673
prio           2.841    0.092     1.097     0.029    0.001
```

log(scale)	3.990	0.419	0.000
log(shape)	0.339	0.089	0.000
Events	114		
Total time at risk	19809		
Max. log. likelihood	-679.92		
LR test statistic	33.42		
Degrees of freedom	7		
Overall p-value	2.2149e-05		

出力結果では偏回帰係数 (Coef)，指数変換した偏回帰係数 (Exp
(Coef))，標準誤差 (se(Coef)) などが出力される．

　phreg コマンドはワイブル分布以外に，対数ロジスティック分
布，対数正規分布，ゴンペルツ分布を指定することも可能であり，そ
の場合には dist = "weibull"の部分を dist = "loglogistic"
（対数ロジスティック分布），dist = "lognormal"（対数正規分
布），dist = "gompertz"（ゴンペルツ分布）に変えればよい．

```
model6 <- phreg(Surv(week, arrest) ~ fin+age+race+wexp+mar
                +paro+prio, data = recid, dist="loglogistic")
print(model6)


model7 <- phreg(Surv(week, arrest) ~ fin+age+race+wexp+mar
                +paro+prio, data = recid, dist="lognormal")
print(model7)


model8 <- phreg(Surv(week, arrest) ~ fin+age+race+wexp+mar
                +paro+prio, data = recid, dist="gompertz")
print(model8)
```

　さらに，phreg コマンドで指数回帰モデルを行うときは，分布を
dist="weibull"にし，さらに形状パラメータを shape=1 に指定す

る。たとえば，本書の表3.1の指数分布モデルを実行するには以下
のようにする。

```
model9 <- phreg(Surv(week, arrest) ~ fin+age+race+wexp+mar
               +paro+prio, data = recid, dist="weibull",
          shape=1)
print(model9)
```

適合度の分析　適合度の尺度としては，対数尤度，AIC（赤池情報
量規準），BIC（ベイズ情報量規準）が使われる。対数尤度の値は
print コマンドで結果を要約すると出力されるので，AIC と BIC
の求め方を説明する。3.6 節で説明されているように，AIC は次の
式（式 (3.6) と同じ）で計算され，$\log L$ は対数尤度，k はモデルに
あるパラメータの数である。

$$\mathrm{AIC} = -2\log L + 2k \qquad (\mathrm{B}.2)$$

したがって，AIC を計算するにはモデルの対数尤度の最大値とパ
ラメータの数が必要である。モデルの対数尤度の最大値 $\log L$ は推
定したモデルの「対数尤度ベクトル loglik」の 2 番目の要素に入
っている。他方，パラメータの数 k はモデルの「パラメータ行列
var」の行の数に等しいので nrow コマンドを使って，この行列の
行数を数えればよい。たとえば，最初に推定した model5 のワイブ
ル回帰モデルで AIC を求めるには次のようにする。

```
AIC <- -2 * model5$loglik[2] + 2 * nrow(model5$var)
print(AIC)
```

```
[1] 1377.833
```

ここでは model5$loglik[2] で loglik ベクトルの 2 番目の要素，nrow(model5$var) で var の行数を取り出し AIC を計算している。また，BIC は次の式（式 (3.7) と同じ）で計算され，n はサンプル数を意味している。

$$\mathrm{BIC} = -2 \log L + k \log n \qquad (\mathrm{B}.3)$$

したがって，AIC の計算で使用した値に加えて BIC を求めるにはサンプル数が必要になる。モデルの推定で使用したサンプル数は n というベクトルにあるのでこれを用いる。たとえば，model5 のワイブル回帰モデルの BIC を計算するには次のようにする。この計算では model5$n でモデルのサンプル数を取り出している。

```
BIC <- -2 * model5$loglik[2] + nrow(model5$var) * log(model5$n)
print(BIC)
```

```
[1] 1414.449
```

　すでに述べたようにパラメトリックな生存時間分析ではガンマ分布や一般化ガンマ分布を仮定した分析も用いられる。これらの分布を使った分析を実行するには flexsur パッケージの flexsurvreg コマンドを使用する。モデルの指定の仕方は phreg と似ていて flexsurvreg(Surv(変数 1，変数 2) ~ 独立変数, data = データ, dist = "分布の形", method = "計算方法") と指定する。変数 1 は個体の観測期間の変数であり，変数 2 は事象の発生を表す変数である。dist = "分布の形"ではガンマ分布や一般化ガンマ分布などの仮定する分布の型を指定する。最後の method = "計算方法"では尤度関数を極大化するアルゴリズムを指定することができ，「Nelder-Mead 法」「BFGS 法（準ニュートン法）」「L-BFGS 法（記憶制限準ニュートン法）」などを選ぶことができる。

たとえば，ガンマ分布による生存時間分析を行うには次のコマンド
を入力する。

```
model10 <- flexsurvreg(Surv(week, arrest) ~
                          fin+age+race+wexp+mar+paro+prio,
             data = recid, dist="gamma", method="L-BFGS-B")
print(model10)
```

```
Call:
flexsurvreg(formula = Surv(week, arrest) ~ fin + age + race +
    wexp + mar + paro + prio, data = recid, dist = "gamma", method = "L-BFGS-B")
Estimates:
        data mean   est      L95%     U95%     se       exp(est)  L95%     U95%
shape      NA     1.5279   1.2250   1.9057   0.1722     NA        NA       NA
rate       NA     0.0270   0.0114   0.0641   0.0119     NA        NA       NA
fin     0.5000   -0.2822  -0.5602  -0.0043   0.1418   0.7541    0.5711   0.9957
age    24.5972   -0.0388  -0.0701  -0.0075   0.0160   0.9619    0.9323   0.9925
race    0.8773    0.2415  -0.2020   0.6851   0.2263   1.2732    0.8171   1.9839
wexp    0.5718   -0.1290  -0.4334   0.1754   0.1553   0.8790    0.6483   1.1918
mar     0.1227   -0.3409  -0.8824   0.2007   0.2763   0.7112    0.4138   1.2223
paro    0.6181   -0.0565  -0.3401   0.2270   0.1447   0.9450    0.7117   1.2548
prio    2.9838    0.0670   0.0243   0.1098   0.0218   1.0693    1.0246   1.1160

N = 432,  Events: 114,  Censored: 318
Total time at risk: 19809
Log-likelihood = -680.0066, df = 9
AIC = 1378.013
```

　この結果では推定された偏回帰係数は est，標準誤差は se，指
数変換された偏回帰係数は exp(est) に出力されている。注意しな
ければならないのは，flexsurvreg コマンドで推定された偏回帰
係数は Stata で推定された偏回帰係数と正負の符号が逆になって
いる。したがって，本書の表 3.1 のガンマ回帰モデルと符号を一
致させるには，次のように model10 に格納されている偏回帰係数

（model10\$coefficients）にマイナスを掛ける必要がある。

```
-(model10$coefficients)
```

```
      shape         rate          fin          age         race
-0.42392031   3.61269448   0.28223575   0.03882198  -0.24153852
       wexp          mar         paro         prio
 0.12897034   0.34086441   0.05654497  -0.06702346
```

また，method = "計算方法"は省略することも可能であり，省略
された場合は「BFGS法（準ニュートン法）」で尤度関数が極大化
される。したがって，一般化ガンマ分布によるモデルの推定は次の
やり方で実行できる（出力結果は省略）。

```
model11 <- flexsurvreg(Surv(week, arrest) ~ fin+age+race
                       +wexp+mar+paro+prio, data = recid,
                       dist="gengamma")
print(model11)
```

ハザード関数のプロット　aftreg コマンドを使ってモデルを推定
すると，モデルには4個の関数 haz（ハザード率），cum（累積ハ
ザード率），den（確率密度），sur（生存率）がつくられる。ハザ
ード関数のグラフを出力させるには，ハザード率の関数 haz を
plot コマンドで表示させる。たとえば，本書の図3.1のワイブル
分布モデルのハザード率を描くには以下のように model5 をはじ
めに推定し，つくられた haz 関数を plot の引数に指定する（図
B.4）。

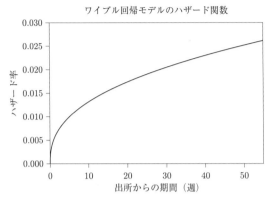

図 B.4　ワイブル回帰モデルのハザード関数

```
model5p <- aftreg(Surv(week, arrest) ~
                   fin+age+race+wexp+mar+paro+prio,
               data = recid, dist="weibull")

plot(model5p, fn="haz",
    main="ワイブル回帰モデルのハザード関数",
    xlim=c(0, 55), ylim=c(0, 0.03),
    xlab="出所からの期間（週）", ylab="ハザード率",
    xaxs = "i", yaxs = "i")
```

同様に model6 の対数ロジスティック・モデルのハザードを出力さ
せるには次のコマンドを入力する（図 B.5）。

```
model6p <- aftreg(Surv(week, arrest) ~
                   fin+age+race+wexp+mar+paro+prio,
               data = recid, dist="loglogistic")
```

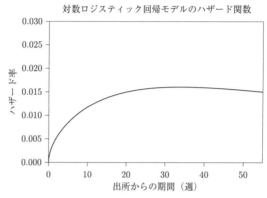

対数ロジスティック回帰モデルのハザード関数

図 B.5 対数ロジスティック・モデルのハザード関数

```
plot(model6p, fn="haz",
    main="対数ロジスティック回帰モデルのハザード関数",
    xlim=c(0, 55), ylim=c(0, 0.03),
    xlab="出所からの期間（週）", ylab="ハザード率",
    xaxs = "i", yaxs = "i")
```

B.5 コックス・モデル（セミパラメトリック）

　本節ではコックス・モデル（コックス回帰）の分析方法について説明する。本節では以下の三つのパッケージを用いる。それぞれすでに紹介しており，一つ目は tidyverse パッケージである。コックス回帰の分析では時間依存変数の効果を検討するが，そのためにはデータをパーソン・ペリオド形式にする必要があり，このパッケージを用いて行う。二つ目は haven パッケージである。三つ目はsurvival パッケージであり，コックス回帰のコマンドが含まれて

いる。前節と同じようにパッケージを読み込む。

```
library(tidyverse)
library(haven)
library(survival)
```

本書の第4章のコックス回帰の分析でも用いられているデータは第3章と同じ recid.dta なので，前節と同様に，まずデータをRに読み込み，View コマンドでデータビュー・パネルにデータを表示させ構造を確認する。

```
recid <- read_dta(
  "https://statisticalhorizons.com/wp-content/uploads/recid.dta")
View(recid)
```

コックス・モデルによる分析　コックス回帰を行うには survival パッケージの coxph コマンドを使用し，coxph(Surv(変数1，変数2，変数3) ~ 独立変数，data = データ) と指定する。前節で説明したパラメトリックな生存時間分析と同様に，**変数1**は個体の観測の開始時点の変数，**変数2**は観測の終了時点の変数である。さらに，**変数3**は事象の発生を表す変数で，0は個体に打ち切りが起きたケース，1は事象が生じたケースになる。また，coxph は coxph(Surv(変数1，変数2) ~ 独立変数，data = データ) と書くことも可能で，この場合には**変数1**が個体の観測期間の変数で，**変数2**が事象の発生の変数になる。

　たとえば，表4.1のモデル1を実行するには次のようにする。このモデルでは week が個体の観測期間の変数，arrest が事象の発生についての変数になる。独立変数には fin（経済的支援），age

（出所時の年齢），race（人種），wexp（就業経験），mar（配偶状
態），paro（仮釈放であるかどうか），prio（前科の数）が含まれ
ている。

```
model12 <- coxph(Surv(week, arrest) ~ fin+age+race+wexp+mar
                 +paro+prio, data = recid)
summary(model12)
```

```
Call:
coxph(formula = Surv(week, arrest) ~ fin + age + race + wexp +
    mar + paro + prio, data = recid)

  n= 432, number of events= 114

        coef exp(coef) se(coef)      z Pr(>|z|)
fin  -0.37942   0.68426  0.19138 -1.983  0.04742 *
age  -0.05744   0.94418  0.02200 -2.611  0.00903 **
race  0.31390   1.36875  0.30799  1.019  0.30812
wexp -0.14980   0.86088  0.21222 -0.706  0.48029
mar  -0.43370   0.64810  0.38187 -1.136  0.25606
paro -0.08487   0.91863  0.19576 -0.434  0.66461
prio  0.09150   1.09581  0.02865  3.194  0.00140 **
---
Signif. codes:
0 '***'  0.001 '**'  0.01  '*'  0.05  '.'  0.1  ' '  1

      exp(coef) exp(-coef) lower .95 upper .95
fin      0.6843     1.4614    0.4702    0.9957
age      0.9442     1.0591    0.9043    0.9858
race     1.3688     0.7306    0.7484    2.5032
```

```
wexp      0.8609      1.1616      0.5679      1.3049

mar       0.6481      1.5430      0.3066      1.3699

paro      0.9186      1.0886      0.6259      1.3482

prio      1.0958      0.9126      1.0360      1.1591


Concordance= 0.64  (se = 0.027 )

Likelihood ratio test= 33.27  on 7 df,   p=2e-05

Wald test             = 32.11  on 7 df,   p=4e-05

Score (logrank) test = 33.53  on 7 df,   p=2e-05
```

この結果では coef が偏回帰係数，exp(coef) が指数化された偏回帰係数，se(coef) が標準誤差，Pr(>|z|) が偏回帰係数の有意水準である。

パーソン・ペリオドデータへの加工　　第4章の分析で使われている recid データは個体1ケースが1行になっているワイド形式のデータである。コックス回帰で時間依存変数を扱うにはロング形式のパーソン・ペリオド形式のデータの方が便利である。したがって，時間依存変数を独立変数に含んだ分析を行う前に recid データをロング形式に変換する。具体的には以下の手順でデータを加工する。

```
recid1 <- tibble::rowid_to_column(recid, var="id")


recid2 <- recid1 %>%
  pivot_longer(cols = starts_with("work"), names_to = "work_ex",
               values_to = "work", values_drop_na = TRUE) %>%
  arrange(id) %>% select(-work_ex)
```

```
recid3 <- recid2 %>% arrange(id) %>% group_by(id) %>%
  mutate(start = row_number()-1) %>%
  mutate(stop = row_number())

recid4 <- recid3 %>%
  mutate(arrest= if_else(week > stop, true = 0, false = arrest))

recid5 <- recid4 %>%
  group_by(id) %>%  mutate(worklag= lag(work , n=1))
```

まず，recid1 から始まる行では rowid_to_column コマンドで
recid データに個体を識別する id という変数を作成して，1 から
432 までの識別番号を加えている。次に，recid2 から始まるスク
リプトの pivot_longer コマンドでは変数 work1 から work52 まで
の変数をロング形式に変換している。すなわち，これらの変数は一
人の服役囚が出所して 1 週目から 52 週目までの毎週の就業状態を
示す二値変数であり，52 個の変数を横に並べたワイド形式から縦
に並べたロング形式に変換している。cols = starts_with
("work") では work という文字で始まる work1 から work52 まで
の変数を選び，これらの変数名を names_to = "work_ex"で
work_ex という変数に入れるように指定している。続いて，
values_to = "work" で work という変数を新たにつくり，一人の
服役囚の出所後 1 週目の就業状態 work1 の値を変数 work の 1 行
目に，2 週目の就業状態 work2 の値を work の 2 行目に入れて，52
週目までの就業状態を縦に 52 行並べている。さらに，1 年以内に
再逮捕された場合は就業状態の変数が欠損値になるので，欠損値に
なった行はデータセットから削除するように na.rm = TRUE で指
定している。次の arrange(id) ではロング形式に変換したデータ

を個体識別変数 id の値で並べ替え，続く select(-work_ex) では不要になった変数 work_ex をデータから削除している。

recid3 から始まるスクリプトでは group_by(id) で一つひとつの個体のデータを取り出している。一つの個体のデータでは 1 行目が出所後 1 週目，2 行目が 2 週目というように行数が出所してからの期間を示している。たとえば，1 行目は個体の観測を開始したのが出所後 0 週目であり，観測を終了したのが出所後 1 週目になる。同様に，2 行目は個体の観測を開始したのが出所後 1 週であり，観測を終了したのが出所後 2 週目になる。つまり，行数から 1 を引いた値が観測を開始した週であり，行数が観測を終了した週になる。mutate(start = row_number()-1) では一つの個体のデータの各行数から 1 を引いた値を観測の開始時点を示す変数 start として作成し，mutate(stop = row_number()) では個体のデータの行数の値を観測の終了時点を示す変数 stop として作成している。

変数 week は一つひとつの個体が観察された全期間の長さの変数である。したがって，変数 stop の値が week の値よりも小さい行では事象は発生しておらず，事象の発生を示す変数 arrest の値を 0 にする必要がある。これを実行するために，recid4 から始まるスクリプトの mutate(arrest = if_else(week > stop, true = 0, false = arrest)) では stop の値が week の値より小さい場合には arrest の値を 0 に変更し，stop の値が week の値と同じ場合には arrest の値を変更しないで，そのままにするように修正している。

最後の recid5 では group_by(id) で一つひとつの個体のデータを取り出し，各行の観測時点よりも 1 週前の就業状態を表す変数 worklag を mutate(worklag = lag(work, n=1)) で作成している。こうして加工されたデータを View(recid5) で見てみるとワ

▲	id	week	arrest	fin	age	race	wexp	mar	paro	prio	educ	work	start
1	1	20	0	0	27	1	0	0	1	3	3	0	0
2	1	20	0	0	27	1	0	0	1	3	3	0	1
3	1	20	0	0	27	1	0	0	1	3	3	0	2
4	1	20	0	0	27	1	0	0	1	3	3	0	3
5	1	20	0	0	27	1	0	0	1	3	3	0	4
6	1	20	0	0	27	1	0	0	1	3	3	0	5
7	1	20	0	0	27	1	0	0	1	3	3	0	6
8	1	20	0	0	27	1	0	0	1	3	3	0	7
9	1	20	0	0	27	1	0	0	1	3	3	0	8
10	1	20	0	0	27	1	0	0	1	3	3	0	9
11	1	20	0	0	27	1	0	0	1	3	3	0	10
12	1	20	0	0	27	1	0	0	1	3	3	0	11
13	1	20	0	0	27	1	0	0	1	3	3	0	12

Showing 1 to 14 of 19,809 entries

図 B.6 ロング形式のパーソン・ペリオドデータ

イド形式だった recid データが recid5 ではロング形式のパーソ
ン・ペリオドデータになっている（図 B.6）。さらに，観察期間の
開始時点を示す変数 start，終了時点を示す変数 stop，1 週前の
就業状態を表すラグ変数 worklag が追加されていることが確認で
きる。

時間に依存する独立変数を含んだモデル　パーソン・ペリオド形式
で時間依存変数を独立変数に含むコックス回帰を行う場合も
survival パッケージの coxph コマンドを使用する。時間によって
値が変化する就業状態を独立変数に入れた表 4.1 のモデル 2 を実行
するには，以下のようにする（出力結果は省略）。

```
model13 <- coxph(Surv(start, stop, arrest) ~
                 fin+age+race+wexp+mar+paro+prio+work,
            na.action=na.exclude, data=recid5)
summary(model13)
```

この回帰式では Surv(start, stop, arrest) で観測期間の開始

時点の変数 start，終了時点の変数 stop，そして，事象発生の変数 arrest を指定し，~の後に時間依存しない独立変数と時間依存する独立変数をモデルに含めている。同様に，タイムラグを持った時間依存共変量を使った表 4.1 のモデル 3 を行う場合は，独立変数 work（就業状態）の代わりに worklag（1 週前の就業状態）を指定すればよい（出力結果は省略）。

```
model14 <- coxph(Surv(start, stop, arrest) ~
                  fin+age+race+wexp+mar+paro+prio+worklag,
               na.action=na.exclude, data=recid5)
summary(model14)
```

比例ハザード性の仮定の検討と修正　コックス回帰は比例ハザード性を仮定している。モデルがこの仮定を満たしているかどうか検討するにはシェーンフィールド残差を用いる。R でこれを実行するには cox.zph で行う。たとえば，表 4.1 のモデル 2 を実行した model13 が比例ハザード性を満たしているか，シェーンフィールド残差を出力して吟味するには次のように行う。

```
cox.zph(model13)
```

```
         chisq df      p
fin   9.58e-04  1 0.975
age   5.89e+00  1 0.015
race  1.87e+00  1 0.171
wexp  3.83e+00  1 0.050
mar   8.29e-01  1 0.363
paro  5.64e-03  1 0.940
prio  4.27e-01  1 0.514
```

```
work    2.50e-01  1 0.617
GLOBAL 1.66e+01  8 0.034
```

この結果では上から一つひとつの独立変数が比例ハザード性を満た
しているかカイ二乗検定した結果 (chisq) と有意水準の p 値 (p) が
出力されている。そして，最後にすべての独立変数が比例ハザード
性を満たしているかを吟味する包括的検定の結果 (GLOBAL) が示さ
れている。

交互作用項と層化モデル　比例ハザード性の仮定が妥当しない場合
には独立変数と時間の交互作用項を独立変数として含んだモデルを
推定する必要がある。たとえば，表 4.4 のモデル 1 では「時間と出
所時の年齢」の交互作用項と「時間と就業経験」の交互作用項を独
立変数に加えており，これを実行するには次のようにする。

```
recids <- recids %>% mutate(week2 = stop)
model15 <- coxph(Surv(start, stop, arrest) ~ fin+age+race
              +wexp+mar+paro+prio+work+age:week2+wexp:week2,
              na.action=na.exclude, data=recid5)
summary(model15)
```

```
Call:
coxph(formula = Surv(start, stop, arrest) ~ fin + age + race +
    wexp + mar + paro + prio + work + age:week2 + wexp:week2,
    data = recid5, na.action = na.exclude)

  n= 19809, number of events= 114

            coef exp(coef)  se(coef)       z Pr(>|z|)
fin    -0.096364  0.908134  0.216253  -0.446  0.65588
age     0.457971  1.580863  0.041322  11.083  < 2e-16 ***
```

```
race        0.231582   1.260592   0.339018    0.683  0.49455
wexp       -0.977970   0.376074   0.577758   -1.693  0.09051 .
mar         0.869811   2.386461   0.394122    2.207  0.02732 *
paro       -0.572174   0.564297   0.217552   -2.630  0.00854 **
prio        0.050211   1.051493   0.030550    1.644  0.10026
work       -0.483149   0.616838   0.264528   -1.826  0.06778 .
age:week2  -0.022122   0.978121   0.001604  -13.794  < 2e-16 ***
wexp:week2  0.037887   1.038613   0.015526    2.440  0.01468 *
---
Signif. codes:  0 '***' 0.001 '**' 0.01 '*' 0.05 '.' 0.1 ' ' 1


            exp(coef) exp(-coef) lower .95 upper .95
fin          0.9081     1.1012    0.5944    1.3875
age          1.5809     0.6326    1.4579    1.7142
race         1.2606     0.7933    0.6486    2.4499
wexp         0.3761     2.6591    0.1212    1.1670
mar          2.3865     0.4190    1.1022    5.1669
paro         0.5643     1.7721    0.3684    0.8643
prio         1.0515     0.9510    0.9904    1.1164
work         0.6168     1.6212    0.3673    1.0359
age:week2    0.9781     1.0224    0.9751    0.9812
wexp:week2   1.0386     0.9628    1.0075    1.0707


Concordance= 0.967  (se = 0.011 )
Likelihood ratio test= 726.3  on 10 df,   p=<2e-16
Wald test           = 208.2  on 10 df,   p=<2e-16
Score (logrank) test = 1192  on 10 df,   p=<2e-16
```

model15 では「出所時の年齢 (age) と時間 (week2)」の交互作用項 age:week2 と「就業経験 (wexp) と時間 (week2)」の交互作用項 wexp:week2 の二つの独立変数をつくり coxph のモデル式に含めている。そして，これらの変数の推定結果は summary(model15) によって出力されている。

比例ハザード性が満たされない場合，時間と独立変数の交互作用

項を用いる以外に「層化モデル」を使う方法がある。これは比例ハ
ザード性が仮定できない独立変数に関しては異なった基底 (base-
line) ハザード関数を仮定し，比例ハザード性が仮定できる独立変
数のパラメータだけを推定する方法である。表 4.4 の「層化モデル」
を行うには層化する独立変数を strata で指定する必要がある。

```
model16 <- coxph(Surv(start, stop, arrest)~
                   fin+age+race+mar+paro+prio+work+strata(wexp),
                 na.action=na.exclude, data=recid5)
summary(model16)
```

上記のモデルでは strata(wexp) で変数 wexp を層にして推定して
いる。このため，就業経験のある個体と就業経験のない個体が別々
の基底ハザード関数を持っているモデルになっており，この変数
を除いた独立変数のパラメータが推定されている（出力結果は省略）。

コックス・モデルによる生存関数の予測　コックス回帰では推定し
たモデルを使って生存関数を推測することができる。これはモデル
の独立変数に特定の値を仮定して，その条件の下で対象が観測され
た時間の範囲において生存関数がどのような値をとるかを推定す
る。本書では表 4.1 のモデル 1 において，元服役囚について「経済
的支援を受け，出所時の年齢は 21 歳，黒人で未婚，就業経験があ
り，仮釈放として出所し，過去に 4 回有罪判決を受けている」と
いう条件が仮定された場合，この元服役囚の生存関数の予測値を表
4.6 で示している。この生存関数の予測を R で実行するには次のよ
うに行う。

```
newdata <- data.frame(fin=1, age=21, race=1, wexp=1, mar=0,
                      paro=1, prio=4)
```

```
predic <- survfit(model12, newdata, conf.int=.95) %>%
  summary(, times=c(seq(0, 50, 5), 52))
print(predic)
```

```
Call: survfit(formula = model12, newdata = newdata, conf.int = 0.95)

 time n.risk n.event survival std.err lower 95% CI upper 95% CI
    0    432       0    1.000  0.0000        1.000        1.000
    5    428       5    0.989  0.0053        0.979        1.000
   10    418      10    0.967  0.0105        0.947        0.988
   15    409      10    0.945  0.0151        0.916        0.975
   20    397      15    0.911  0.0216        0.869        0.954
   25    384      11    0.886  0.0262        0.836        0.939
   30    374       9    0.865  0.0298        0.809        0.925
   35    365      11    0.839  0.0341        0.775        0.909
   40    351      14    0.806  0.0394        0.732        0.887
   45    339      10    0.782  0.0430        0.702        0.871
   50    325      15    0.746  0.0482        0.658        0.847
   52    322       4    0.737  0.0495        0.646        0.840
```

最初に，newdataから始まる行ではfin = 1（経済的支援あり），age = 21（年齢21歳），race = 1（黒人），wexp = 1（就業経験あり），mar = 0（未婚），paro = 1（仮釈放），prio = 4（過去の有罪判決）という元服役囚について仮定された条件を備えるデータセットをdata.frameでつくり，newdataというオブジェクトに格納する。次のsurvfitコマンドでは表4.1のモデル1を推定結果であるmodel12の回帰式にnewdataで仮定された条件を当てはめて生存関数の推測値を求め，さらに，その値の95％の信頼区間をconf.int = .95で計算している。この結果をsummaryで要約し，times = c(seq(0, 50, 5), 52)で0週目から52週目ま

での生存率を 5 週間隔で出力するように指定している。

　推定された結果を見ると，time に出所してから経過した週，survival に予測された生存率，survival std.err に生存率の標準誤差，lower 95% CI と upper 95% CI に生存率の 95% の信頼区間が出力されている。

B.6　競合リスク・モデルの分析

　生存時間分析やイベント・ヒストリー分析では事象が 2 種類以上発生する対象を分析することが可能である。本節ではこうした競合リスク・モデルの R での分析方法を説明する。分析には 5 つのパッケージを使用する。tidyverse, haven, survival, stargazer の 4 つはすでに使用しているので詳細な説明は省略する。5 つ目は cmprsk パッケージであり，競合リスク・モデルを分析するために必要になる（辻谷・田中，2013; Scrucca et al., 2007, 2010）。これまでと同様にこれらのパッケージを以下の手順でインストールして読み込む。

```
install.packages("cmprsk")

library(tidyverse)
library(haven)
library(stargazer)
library(survival)
library(cmprsk)
```

　競合リスク・モデルの分析では tarp.dta というデータが使われているので，最初にこのデータを以下の手順で R に読み込み，データビュー・パネルに表示させて，データの構造を確認する。

```
tarp<- read_dta(
  "https://statisticalhorizons.com/wp-content/uploads/tarp.dta")
View(tarp)
```

競合事象の分析　本書では競合事象の分析として二つの方法が提案されている。一つ目は，分析の対象としない事象が発生した場合はそれを「打ち切り」と見なす方法である。たとえば，競合する事象 A と事象 B があり，分析対象は事象 A であるとする。この場合，時点 t で事象 B が発生しても，それは事象 B が発生したのではなく時点 t で打ち切りが発生したことにして，通常の生存時間分析を行う。本書の tarp データでは type という変数に元服役囚の再犯のタイプが分類されている。具体的には値 0 は再犯が生じなかったケース，1 が非財産犯 (non-property) で再逮捕されたケース，2 が財産犯 (property) で再逮捕されたケースである。したがって，非財産犯での再犯を分析したい場合は財産犯で逮捕された個体は，その時点で打ち切りが発生したことにして分析を行う。同様に，財産犯での再犯を分析する場合は非財産犯で再逮捕された個体を打ち切りとして扱う。

この方法による分析を実行するには次のように行う。

```
tarp1 <- tarp %>%
  mutate(all= if_else(type == 0, true = 0, false = 1))
tarp2 <- tarp %>%
  mutate(non_p= if_else(type == 1, true = 1, false = 0))
tarp3 <- tarp %>%
  mutate(prop= if_else(type == 2, true = 1, false = 0))
```

事象の種類を表す変数 type の値が 0 なら no-arrest（再犯なし），

1 なら non-property，2 なら property になっている。したがっ
て，tarp1 の行では all という事象の変数を新たにつくり，再犯
で逮捕されなかった場合は 0，non-property あるいは property
のいずれかの犯罪で再逮捕された場合には 1 にしている。そして，
この変数を持つデータセットを tarp1 にしている。次の tarp2 の
行では non_p という変数をつくり，非財産犯 (non-property) で再
逮捕された場合には 1，財産犯 (property) で再逮捕，あるいは，
逮捕されなかった場合は値を 0 にして打ち切りが発生したことに
したデータセットをつくり tarp2 と名付けている。最後の tarp3
からの行では prop という変数をつくり，財産犯で再逮捕された場
合には 1，非財産犯で再逮捕，あるいは，逮捕されなかった場合は
0 で打ち切りにしたデータセット tarp3 を作成している。

　このように分析対象としたい事象が発生した場合に 1，それ以外
の場合に 0 となる変数をつくり，コックス回帰を実行すると競合
リスクの分析ができる。具体的には model17 では tarp1 をデータ
として用いて，非財産犯あるいは財産犯で再逮捕されるハザード
率を従属変数としたモデルを推定している。独立変数としては fin
（経済的支援の有無），age（年齢），white（人種），male（性別），
married（配偶状態），paro（仮釈放），numprop（財産犯の有罪
数），crimprop（財産犯の服役），numarst（前科の数），edcomb
（教育レベル）をモデルに含めている。そして，分析の結果を
summary(model17) で出力している。次の model18 では tarp2 を
データとして非財産犯で再逮捕されるハザード率を従属変数にし
たモデルを推定している。したがって，財産犯で再逮捕された場合
は打ち切りが発生したと見なしている。また，model18 に含まれ
る独立変数は model17 と同じである。3 番目の model19 では tar3
を使用して財産犯で再逮捕されるハザード率を従属変数にしたモデ
ルを推定している。このため，非財産犯で再逮捕された場合は打ち

切りとしている（出力結果は省略）。

```
model17 <- coxph(Surv(arrstday, all) ~
                 fin+age+white+male+married+paro+numprop
                 +crimprop+numarst+edcomb , data = tarp1)
summary(model17)


model18 <- coxph(Surv(arrstday, non_p) ~
                 fin+age+white+male+married+paro+numprop
                 +crimprop+numarst+edcomb, data = tarp2)
summary(model18)


model19 <- coxph(Surv(arrstday, prop) ~
                 fin+age+white+male+married+paro+numprop
                 +crimprop+numarst+edcomb, data = tarp3)
summary(model19)
```

そして，最後に stargazer コマンドを使って model17，model18，
model19 を一つの表にまとめて独立変数の影響を比較検討してい
る（出力結果は省略）。

```
stargazer(model17, model18, model19, type ="text")
```

部分分布を用いた分析　競合事象を分析する二つ目の方法は「部分
分布」を用いる。本書ではこの方法についてはあまり詳細には触れ
られていないので説明を補足する。ここで，$j = 1, 2, \ldots, k$ 個の競
合する事象があったとする。時点 t において事象 j が発生する確率
を $f_j(t)$ とすると，時点 t までの事象 j の累積発生率関数は

$$F_j(t) = \int_0^t f_j(u)du \tag{B.4}$$

と定義され，「部分分布」あるいは「累積発生率関数」と呼ばれる
(Hosmer et al., 2008)。一方，時点 t までのすべての事象の累積発
生率関数は

$$F(t) = \sum_{j=1}^{k} F_j(t) \tag{B.5}$$

で表され，生存関数は

$$S(t) = 1 - F(t) \tag{B.6}$$

と書くことができる。このとき，事象 j のハザード関数は

$$h_j(t) = f_j(t)/S(t) \tag{B.7}$$

になる。独立変数を x_i，偏回帰係数を β とすると，部分分布のハ
ザード関数に基づいた競合リスクの比例ハザードモデルは

$$h_j(t, x_i) = h_j(t) \times \exp(\beta x_i) \tag{B.8}$$

となる。したがって，このモデルのパラメータ β を最尤推定すれ
ば競合事象に対する独立変数の影響を分析することができる。

　表 5.2 の部分分布を使った生存時間分析を行うには cmprsk パッ
ケージの crr コマンドを用いて次のように行う。

```
attach(tarp)

ind_v <- cbind(fin, age, white, male, married, paro,
               numprop, crimprop, numarst, edcomb)

model20 <- crr(ftime = arrstday, fstatus = type,
```

```
            cov1 = ind_v, failcode = 1, cencode = 0)
summary(model20)
```

```
Competing Risks Regression

Call:
crr(ftime = arrstday, fstatus = type, cov1 = ind_v, failcode = 1,
    cencode = 0)

          coef exp(coef) se(coef)     z p-value
fin      0.00366    1.004  0.17735  0.0206   0.980
age     -0.02185    0.978  0.01131 -1.9318   0.053
white   -0.01028    0.990  0.17374 -0.0592   0.950
male     1.43598    4.204  0.71293  2.0142   0.044
married -0.03460    0.966  0.19997 -0.1731   0.860
paro    -0.27939    0.756  0.17861 -1.5643   0.120
numprop  0.25794    1.294  0.10233  2.5207   0.012
crimprop -0.18365    0.832  0.19203 -0.9564   0.340
numarst  0.01133    1.011  0.00678  1.6699   0.095
edcomb  -0.07513    0.928  0.03699 -2.0312   0.042

          exp(coef) exp(-coef)  2.5%  97.5%
fin          1.004    0.996 0.709  1.421
age          0.978    1.022 0.957  1.000
white        0.990    1.010 0.704  1.391
male         4.204    0.238 1.039 17.001
married      0.966    1.035 0.653  1.429
paro         0.756    1.322 0.533  1.073
numprop      1.294    0.773 1.059  1.582
crimprop     0.832    1.202 0.571  1.213
numarst      1.011    0.989 0.998  1.025
edcomb       0.928    1.078 0.863  0.997
```

```
Num. cases = 932
Pseudo Log-likelihood = -915
Pseudo likelihood ratio test = 23  on 10 df,
```

　最初に attach(tarp) によって tarp データを使うことを宣言する。crr コマンドではこれまでのようにモデルを「**従属変数~独立変数 1+独立変数 2+・・・+独立変数** n」の形式で定義できないので，独立変数のすべてをまとめて行列にする必要がある。このモデルでは cbind コマンドによって model17 で使用した独立変数を一つにまとめて，ind_v というオブジェクトに格納している。crr コマンドでのモデル式では，まず，ftime で対象の観察期間の変数を指定する。次に fstatus で事象発生の変数を指定する。この分析では arrestday が観察期間の変数，no-arrest（再犯なし），non-property（非財産犯），property（財産犯）で再逮捕の3つの状態を示す変数 type が事象発生の変数に該当する。cov1 では回帰モデルの独立変数の定義であり，すでに cbind で作成した ind_v が該当する。failcode では分析対象となる事象のタイプの指定であり，非財産犯での再逮捕ならば1，財産犯での再逮捕なら2になる。cencode は打ち切りに該当する変数値を示しており，このモデルでは0が該当する。

　こうした方法で競合事象のモデル式を定義し，model20 では「non-property（非財産犯)」の再逮捕のハザード率を従属変数にしたモデルの分析を行っている。

　分析結果では，それぞれの独立変数について偏回帰係数 (coef)，指数変換された偏回帰係数 (exp(coef))，標準誤差 (se(coef))，有意水準 (p-value) が出力される。

　さらに，model21 では「property（財産犯)」の再逮捕のハザード率を従属変数した競合リスク・モデルの分析を実行している（出

力結果は省略)。

```
model21 <- crr(ftime = arrstday, fstatus = type,
               cov1 = ind_v, failcode = 2, cencode = 0)
summary(model21)
```

累積発生率の出力　時点 t における事象 j の累積発生率関数は,

$$F_j(t) = \int_0^t f_j(u)du = \int_0^t h_j(u)S(u)du \qquad (\text{B.9})$$

と定義される。本書の図 5.1 で示されているような, 事象ごとの累積発生率関数を R で出力させるには cmprsk パッケージの cuminc コマンドを用いて次のように行う。

```
graph_51 <- cuminc(ftime = arrstday, fstatus = type,
                   rho = 0, cencode = 0)
plot(graph_51, main="累積発生率",
    xlab="出所後の日数", ylab="逮捕される確率",
    lty = c(1,2), xlim=c(0,400), ylim=c(0,0.25),
    curvlab = c("非財産犯", "財産犯"))
```

まず, crr コマンドと同様に, ftime で観測時間の変数, fstatus で事象の発生に関する変数を指定する。rho = 0 は累積発生率関数が事象ごとに異なっているかを検定するときの重みを指定するオプションである。ここでは重みをかけないので 0 にしている。cencode は打ち切りに該当する値を示している。そして最後に cuminc コマンドの累積発生率関数の推定結果を graph_51 に入れている。次の plot コマンドでは推定結果をグラフで出力させている (図 B.7)。このコードでは, 最初に graph_51 で plot が

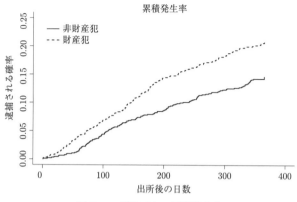

図 B.7　事象ごとの累積発生率

出力する結果を指示し，その後に main でグラフの表題，xlab で
X 軸のタイトル，ylab で Y 軸のタイトルを付けている。さらに，
lty で財産犯と非財産犯の関数の線のタイプの区別，xlim で X 軸
の座標の範囲，ylim で Y 軸の座標の範囲，curvlab でグラフの凡
例を指定している。

B.7　繰り返し事象の分析

　生存時間分析やイベント・ヒストリー分析では，事象の発生に繰
り返しのある場合の分析手法も提案されている。本節では，繰り返
し事象の分析手法を R で実行する方法を説明する。本節の分析で
は次の 5 つのパッケージを用いる。

```
install.packages("MASS")


library(tidyverse)
library(haven)
```

```
library(survival)
library(eha)
library(MASS)
```

最後の MASS だけが本節で新たに必要になるパッケージである。このパッケージは Venables & Ripley(2002) で使用された関数から構成されており，さまざまなデータ分析を可能にする。本節では負の二項回帰モデルを実行する際に必要になる。

負の二項回帰による分析　事象に繰り返しがある事象を分析する最も簡単な方法は負の二項回帰モデルやポアソン回帰モデルを使うことである。表 6.2 のモデル 1 で示されている負の二項回帰モデルを実行するには次の手順で行う。最初に，表 6.2 の分析で使われている tarp データを読み込む。

```
tarp<- read_dta(
  "https://statisticalhorizons.com/wp-content/uploads/tarp.dta")
```

次に，`glm.nb(従属変数 ~ 独立変数, data = データ)` で回帰モデルを指定する。この例では arrstcount（逮捕された回数）を従属変数，fin（経済的支援の有無），age（年齢），white（人種），male（性別），married（配偶状態），paro（仮釈放），numprop（財産犯の有罪数），crimprop（財産犯の服役），numarst（前科の数），edcomb（教育レベル）を独立変数にしたモデルを推定している。そして，この推定の結果を model22 に格納して，summary(model22) で出力している。

```
model22 <- glm.nb(arrstcount ~ fin+age+white+male+married
```

```
            +paro+numprop+crimprop+numarst+edcomb,
         data = tarp)
summary(model22)
```

```
Call:
glm.nb(formula = arrstcount ~ fin + age + white + male + married +
    paro + numprop + crimprop + numarst + edcomb, data = tarp,
    init.theta = 1.318992872, link = log)

Deviance Residuals:
    Min      1Q   Median      3Q      Max
-1.4816  -0.9498  -0.7807   0.3784   3.4413

Coefficients:
            Estimate Std. Error z value Pr(>|z|)
(Intercept)  0.201051   0.458028    0.439  0.66070
fin          0.148118   0.109022    1.359  0.17427
age         -0.032953   0.007975   -4.132 3.59e-05 ***
white       -0.153212   0.113171   -1.354  0.17579
male         0.371875   0.269683    1.379  0.16792
married     -0.052274   0.120172   -0.435  0.66357
paro        -0.322923   0.115552   -2.795  0.00520 **
numprop      0.278412   0.072757    3.827  0.00013 ***
crimprop     0.342796   0.128952    2.658  0.00785 **
numarst      0.013185   0.004540    2.904  0.00368 **
edcomb      -0.059664   0.024074   -2.478  0.01320 *
---
Signif. codes:
0 '***' 0.001 '**' 0.01 '*' 0.05 '.' 0.1 ' ' 1

(Dispersion parameter for Negative Binomial(1.319) family taken to be 1)

    Null deviance: 881.56  on 931  degrees of freedom
```

```
Residual deviance: 808.41  on 921  degrees of freedom
AIC: 1877.2


Number of Fisher Scoring iterations: 1




            Theta:  1.319
         Std. Err.:  0.250


 2 x log-likelihood:  -1853.238
```

出力結果では Estimate に偏回帰係数，Std. Error に標準誤差，Pr(>|z|) に偏回帰係数の有意水準が示されている。

偏回帰係数は対数化された値なので，指数変換するには以下のコマンドを入力する。

```
exp(model22$coefficients)
```

```
 (Intercept)        fin        age      white       male
   1.2226870  1.1596498  0.9675841  0.8579475  1.4504510
     married       paro    numprop   crimprop    numarst
   0.9490689  0.7240297  1.3210305  1.4088810  1.0132727
      edcomb
   0.9420812
```

ポアソン回帰も glm コマンドを使って負の二項回帰モデルとほぼ同じ形式で推定できるが，回帰式の最後に family = poisson (link = "log") を入れてポアソン分布の回帰モデルであることを指定しなければならない。また，「過分散」があるとポアソン回帰はデータにうまく当てはまらないことに注意する必要がある（出力結果は省略）。

```
model23 <- glm(arrstcount ~ fin+age+white+male+married+paro
               +numprop+crimprop+numarst+edcomb,
          data = tarp, family = poisson(link="log"))

summary(model23)
```

頑強推定とフレイルティ・モデル　独立変数に時間依存変数がある
場合や独立変数と時間の交互作用を分析したい場合には，これまで
説明したようなパラメトリックなモデルやコックス回帰を用いる。
本書ではこれらの分析について，事象の発生までの経過時間の測り
方によって二つの方法が説明されている。一つ目の方法は，事象に
繰り返しがある場合にそれぞれを異なった事象の観測値と見なし，
事象ごとに観測の開始時点をリセットして，事象発生までの時間を
測定する方法である。本書ではこれを「時間のギャップ・モデル」
と呼んでいる。二つ目の方法は，事象に繰り返しがあっても，それ
ぞれの事象が発生してからの経過時間ではなく，個々の事象につい
て一番最初の観測開始からの時間を観測期間とする方法である。し
たがって，この方法ではすべての分析対象に対して共通の観察開始
時点が適用される。本書ではこの方法を「観察開始からの時間モデ
ル」と呼んでいる。

　一つ目の「時間のギャップ・モデル」によるコックス回帰を行
うには次のようにする。まず，本書の分析例では arrests.dta と
いうデータが使われているので，これを R に読み込みデータビュ
ー・パネルに表示させ，データの構造を確認する。

```
arrests <- read_dta(
  "https://statisticalhorizons.com/wp-content/uploads/arrests.dta")
```

```
View(arrests)
```

このデータでは変数 length が個々の事象の観察期間になっている
が，いくつかのケースで値が負になっている。観察期間が負の値に
なることはありえないので，以下のコマンドで length が負の値に
なるケースを除いたデータセットを作っている。

```
arrests <- arrests %>% filter(length > 0)
```

このデータをコックス回帰で分析したモデルを推定するには B.4
で説明したやり方を用いる。すなわち，coxph(Surv(変数 1, 変
数 2) ~ 独立変数, data = データ)で回帰式を指定し，変数 1 を
観測期間，変数 2 を事象の発生に関する変数にする。arrests デー
タでは length が観測期間，arrind が事象の発生の変数に該当
する。独立変数として fin（経済的支援の有無），age（年齢），
white（人種），male（性別），married（配偶状態），paro（仮釈
放），numprop（財産犯の有罪数），crimprop（財産犯の服役），
numarst（前科の数），edcomb（教育レベル）をモデルに入れて，
推定結果を model24 に格納し，summary コマンドで結果を出力さ
せている（出力結果は省略）。

```
model24 <- coxph(Surv(length, arrind) ~
                 fin+age+white+male+married+paro+numprop+
                 crimprop+numarst+edcomb, data = arrests)
 summary(model24)
```

model24 では個々の事象の発生確率は独立であることを仮定し
ている。しかし，一人の個体で繰り返し発生する事象間では発生確
率は独立ではない可能性が高い。したがって，従属変数の影響を吟

味するには観測値の非独立性を修正して分析する必要がある。これを行う最も簡単な修正方法は頑強推定を用いた標準誤差を求めることである。これを計算するには，次のように Surv コマンドで指定する回帰式に cluster(id) を追加する。ここで id は一人ひとりの個体を識別する ID 番号を示す変数である。

```
model25 <- coxph(Surv(length, arrind) ~ fin+age+white+male
                 +married+paro+numprop+crimprop+numarst
                 +edcomb+cluster(id), data = arrests)
summary(model25)
```

```
Call:
coxph(formula = Surv(length, arrind) ~ fin + age + white + male +
    married + paro + numprop + crimprop + numarst + edcomb, data = arrests,
    cluster = id)

  n= 1444, number of events= 530

              coef exp(coef)  se(coef) robust se      z Pr(>|z|)
fin       0.135958  1.145633  0.090046  0.102972  1.320 0.186721
age      -0.030654  0.969811  0.006762  0.008399 -3.650 0.000263 ***
white    -0.156933  0.854761  0.094189  0.113864 -1.378 0.168126
male      0.339312  1.403981  0.230061  0.290408  1.168 0.242646
married  -0.093797  0.910468  0.100009  0.122438 -0.766 0.443630
paro     -0.303321  0.738362  0.096908  0.105280 -2.881 0.003963 **
numprop   0.258334  1.294771  0.056161  0.065745  3.929 8.52e-05 ***
crimprop  0.304769  1.356312  0.109110  0.131040  2.326 0.020030 *
numarst   0.011737  1.011806  0.003474  0.004411  2.661 0.007789 **
edcomb   -0.053929  0.947500  0.019860  0.025856 -2.086 0.037004 *
---
Signif. codes:  0 '***' 0.001 '**' 0.01 '*' 0.05 '.' 0.1 ' ' 1

         exp(coef) exp(-coef) lower .95 upper .95
fin         1.1456     0.8729    0.9363    1.4018
```

```
age        0.9698   1.0311   0.9540   0.9859

white      0.8548   1.1699   0.6838   1.0685

male       1.4040   0.7123   0.7946   2.4806

married    0.9105   1.0983   0.7162   1.1574

paro       0.7384   1.3543   0.6007   0.9076

numprop    1.2948   0.7723   1.1382   1.4728

crimprop   1.3563   0.7373   1.0491   1.7535

numarst    1.0118   0.9883   1.0031   1.0206

edcomb     0.9475   1.0554   0.9007   0.9968


Concordance= 0.618  (se = 0.015 )

Likelihood ratio test= 93.22  on 10 df,   p=1e-15

Wald test          = 74.6  on 10 df,   p=6e-12

Score (logrank) test = 92.38  on 10 df,   p=2e-15,   Robust = 63.52  p=8e-10


  (Note: the likelihood ratio and score tests assume independence of
     observations within a cluster, the Wald and robust score tests do not).
```

出力結果では robust se が頑強推定による標準誤差であり，Pr(>|z|) が頑強推定による標準誤差で計算された偏回帰係数の有意水準を示している。

　繰り返し事象の分析では頑強推定に加えて，分析対象が持っている「観察されない異質性」の影響を除くために「共用フレイルティ・モデル」を用いる。本書でも共用フレイルティ・モデルについて解説がされているが説明を補足しておく。

　ここで，$i = 1, 2, 3, \ldots, n$ 個のグループがあり，それぞれのグループでハザード率が異なっていると仮定すると，個々のグループのハザード関数は次のように表現できる。

$$h_i(t, x) = h_{i0}(t)e^{\beta x} \tag{B.10}$$

ここにおいて，t は観測時間，x は独立変数，β は偏回帰係数である。さらに，Z_i を観察されない異質性のパラメータとするとハザ

ード関数は

$$h_{i0}(t) = Z_i h_0(t) \tag{B.11}$$

となる。式 (B.10) と (B.11) から共用フレイルティ・モデルは次の
ように書くことができる。

$$h_i(t, x) = h_0(t)e^{\beta x + \log(Z_i)} \tag{B.12}$$

多くの場合，共用フレイルティ・モデルでは Z_i が正規分布やガン
マ分布に従うと仮定する (Broström, 2012)。

R で表 6.2 の「コックス回帰（共用フレイルティ）」を実行する
には，Surv コマンドにフレイルティの分布を指定する項を追加
すればよい。正規分布をフレイルティに仮定するなら frailty.
gaussian(id) を加えて，次のコマンドを実行する。

```
model26 <- coxph(Surv(length, arrind) ~ fin+age+white+male+married
                 +paro+numprop+crimprop+numarst+edcomb
                 +frailty.gaussian(id), data = arrests)
summary(model26)
```

```
Call:
coxph(formula = Surv(length, arrind) ~ fin + age + white + male +
    married + paro + numprop + crimprop + numarst + edcomb +
    frailty.gaussian(id), data = arrests)

  n= 1444, number of events= 530


                coef     se(coef) se2      Chisq DF   p
fin             0.13868  0.104475 0.091060  1.76  1.0 1.8e-01
age            -0.03250  0.007734 0.006917 17.66  1.0 2.6e-05
white          -0.15138  0.108495 0.094794  1.95  1.0 1.6e-01
male            0.36425  0.260060 0.232914  1.96  1.0 1.6e-01
```

married		-0.10136	0.115930	0.101118	0.76	1.0	3.8e-01
paro		-0.30459	0.111573	0.098411	7.45	1.0	6.3e-03
numprop		0.27501	0.070026	0.058390	15.42	1.0	8.6e-05
crimprop		0.32415	0.124763	0.110972	6.75	1.0	9.4e-03
numarst		0.01226	0.004419	0.003650	7.70	1.0	5.5e-03
edcomb		-0.05746	0.022866	0.019871	6.31	1.0	1.2e-02
frailty.gaussian(id)					285.23	188.1	6.1e-06

	exp(coef)	exp(-coef)	lower .95	upper .95
fin	1.1488	0.8705	0.9361	1.4098
age	0.9680	1.0330	0.9535	0.9828
white	0.8595	1.1634	0.6949	1.0632
male	1.4394	0.6947	0.8646	2.3964
married	0.9036	1.1067	0.7199	1.1341
paro	0.7374	1.3561	0.5926	0.9177
numprop	1.3165	0.7596	1.1477	1.5102
crimprop	1.3829	0.7231	1.0829	1.7659
numarst	1.0123	0.9878	1.0036	1.0211
edcomb	0.9442	1.0591	0.9028	0.9874


```
Iterations: 6 outer, 29 Newton-Raphson
    Variance of random effect= 0.4898072
Degrees of freedom for terms=  0.8   0.8   0.8   0.8   0.8   0.8
   0.7   0.8   0.7   0.8 188.1
Concordance= 0.829  (se = 0.008 )
Likelihood ratio test= 537.6  on 195.7 df,   p=<2e-16
```

分析結果の出力はすでに説明した coxph とほとんど同じである。しかし，model26 では fraility.gaussian(id) という項目が新たに加わっており，共用フレイルティ・モデルであることがわかる。ガンマ分布を仮定する場合は frailty.gamma(id) を加え実行する（出力結果は省略）。

```
model27 <- coxph(Surv(length, arrind) ~ fin+age+white+male+married
                 +paro+numprop+crimprop+numarst+edcomb
                 +frailty.gamma(id), data = arrests)
summary(model27)
```

　ワイブル回帰モデルを使用する場合も同様の方法で推定できる。
すなわち，頑強推定を行うには model28 のように cluster(id) を
Surv コマンドの回帰式の指定に加える。正規分布を仮定した共用
フレイルティを持ったワイブル回帰モデルを推定するなら model29
のように frailty.gaussian(id) を加え，ガンマ分布を仮定する
なら model30 のように frailty.gamma(id) を加えればよい。表
6.3 ではワイブル分布のモデルでこれらの推定を行っているが，R
では以下のコマンドで実行が可能である。ただし，表 6.3 のモデル
では独立変数に新たに spellnum（観察期間の記録番号）が追加さ
れていることに注意する必要がある（出力結果は省略）。

```
model28 <- phreg(Surv(length, arrind) ~ spellnum+fin+age+white+male
                 +married+paro+numprop+crimprop+numarst+edcomb
                 +cluster(id), data = arrests, dist="weibull")
summary(model28)


model29 <- phreg(Surv(length, arrind) ~ spellnum+fin+age+white+male
                 +married+paro+numprop+crimprop+numarst+edcomb
                 +frailty.gaussian(id), data = arrests, dist="weibull")
summary(model29)


model30 <- phreg(Surv(length, arrind) ~ spellnum+fin+age+white+male
                 +married+paro+numprop+crimprop+numarst+edcomb
                 +frailty.gamma(id), data = arrests, dist="weibull")
summary(model30)
```

　繰り返し事象を分析する二つ目のタイプである最初の観測開始からの時間を使う方法を行うには **Surv(変数 1, 変数 2, 変数 3)** という形式で,観測の開始時点を示す**変数 1** と観測の終了時点を示す**変数 2**,事象の発生を表す**変数 3** を指定する。arrests データでは begin が観測開始,end が観測終了を表す変数なので,表 6.3 のモデル 3 を推定するには頑強推定を行う cluster(id) を使って次のようにすればよい。

```
model31 <- coxph(Surv(begin, end, arrind) ~ fin+age+white+male+married
                 +paro+numprop+crimprop+numarst+edcomb+cluster(id),
                 data = arrests)
summary(model31)
```

さらに,月単位で測定された観察開始からの時間と前科の数との交互作用効果を検討するには,この効果を表す変数 t_numarst をつくった後,独立変数として回帰式に加えればよい(出力結果は省略)。

```
t_numarst <- (arrests$end/30.4)*arrests$numarst
model32 <- coxph(Surv(begin, end, arrind) ~ fin+age+white+male+married
                 +paro+numprop+crimprop+numarst+t_numarst+edcomb
                 +cluster(id), data = arrests)
summary(model32)
```

B.8　おわりに

　本章では原著の *Event History and Survival Analysis (Second Edition)* に実例として掲載されている分析をフリーウェアのソフト「R」で行う方法を説明した。本章で示したように R によって

も本書の分析を行うことは十分に可能である。すでに述べたように
Rはフリーウェアであるので SAS や Stata のような有料のソフト
ウェアと比べて，誰でも簡単にデータ分析を試みることができる。
したがって，本書の分析例をRで再現することができることは計
量分析を習熟するために大きな利点であり，生存時間分析やイベン
ト・ヒストリー分析を理解するためにフリーウェアを積極的に使っ
て実際に分析を試してみることは有益である。

　しかし，同時にフリーウェアを使って分析を行う場合には注意
すべき点もある。第一に，ソフトウェアにバグが見つかったとして
も，必ずしも速やかに修正され安定したバージョンがリリースされ
るとは限らない。他方，有料の商業版ではソフトウェアの動作の安
定性やバグの修正についてはかなり保証されている。したがって，
フリーウェアを使用する場合はバグや動作の安定性について，ある
程度のリスクがともなうことに配慮する必要がある。第二にソフト
ウェアの操作方法がわからなくなった場合，これを解決するのに手
間がかかる。有料のソフトウェアではメーカーに照会すれば操作方
法の疑問については最終的に解決する。しかし，フリーウェアのソ
フトではインターネット上の HP や SNS などのリソースによって
自力で解決方法を見つけなければならず，時間と手間がかかること
が多い。

　しかしながら，低い経済的ハードルで計量分析を行うことができ
るのは魅力であり，Rを使って実際にデータを分析することは計
量分析の習熟には大いに推奨される。

参考文献

Broström, G. (2012). *Event History Analysis with R*. Roca Raton:
　　CRC Press.

Hosmer, D. W., Lemeshow, S., & May, S. (2008). *Applied Survival Analysis* (2nd ed.). NewJersey: Wiley.

Jackson, C. H. (2016). flexsurv: A Platform for Parametric Survival Modeling in R. *Journal of Statistical Software*, **70(8)**.

Monaco, J. V., Gorfine, M., & Hsu, L. (2018). General Semiparametric Shared Frailty Model: Estimation and Simulation with frailtySurv. *Journal of Statistical Software*, **86(4)**.

Moore, D. F. F. (2016). *Applied Survival Analysis Using R*. Switzerland: Springer.

Munda, M., Rotolo, F., & Legrand, C. (2012). parfm: Parametric Frailty Models in R. *Journal of Statistical Software*, **51(11)**.

Scrucca, L., Santucci, A., & Aversa, F. (2007). Competing Risk Analysis Using R: An Easy Guide for Clinicians. *Bone Marrow Transplantation*, **40**, 381–387.

Scrucca, L., Santucci, A., & Aversa, F. (2010). Regression Modeling of Competing Risk Using R: An in Depth Guide for Clinicians. *Bone Marrow Transplantation*, **45**, 1388–1395.

辻谷将明・田中祐輔. (2013). フリーソフト R を活用した生存データ解析. 大阪電気通信大学研究論集（自然科学編）, **48**, 49–83.

Venables, W. N., & Ripley, B. D. (2002). *Modern applied statistics with S*. New York: Springer.

訳者あとがき

　本書は Paul D. Allison, *Event History and Survival Analysis, Second Edition* (Sage, 2014) の全訳である。原著の初版は 1984 年に出版されて以来，イベント・ヒストリー分析（生存時間分析）の入門書として社会科学を中心に高い評価を得ている。著者の Paul Allison も述べているように，2014 年に出版された第 2 版では「複数の事象」や「繰り返しのある事象」の分析を中心に大幅に加筆され，「累積発生率関数」や「頑強推定」の説明を含むより充実した内容になっている。イベント・ヒストリー分析については日本でもすでに解説書が多くあるが，分析方法のポイントがこれほどコンパクトに整理され，わかりやすく説明されている入門書は他にないであろう。

　人口学でよく見られるように，事象（イベント）発生の時間についての情報を持ったデータに対しては生命表が用いられることが多い。しかし，この手法は事象の発生パターンの特徴を単に，要約し記述することを主眼とする初歩的な方法である。これに対して，イベント・ヒストリー分析は回帰モデルを基礎に独立変数（共変量）が事象発生に与える影響を吟味し，因果推論を可能にする一歩進んだ手法になる。したがって，単なる記述を越えて因果効果の検討を目的とする分析者にとってイベント・ヒストリー分析は極めて有益な手法である。

　著者のPaul Allisonはウィスコンシン大学で社会学の博士号を取得し，現在はペンシルベニア大学の名誉教授である。彼の主な研究テーマは社会科学における統計分析の方法論であり，イベント・ヒストリー分析以外にも多重代入法 (multiple imputation) やパネル・データ分析などの論文や著書を数多く出版している。また，Statistical Horizons 社を経営し統計教育の普及にも精力的に取り組んでいる。

　本書の出版に際しては，まず，三輪哲先生にお礼を申し上げる。先生の励ましがなければ本書は出版できなかったであろう。また，原著者のPaul Allisonにも感謝したい。本書の翻訳中に訳者が疑問に思った点や不明な点について何度か質問させていただいたが，毎回，詳しくわかりやすい回答をしていただいた。最後に，共立出版株式会社編集部の菅沼正裕さんにも感謝したい。彼の緻密で適切なサポートには何度も助けていただいた。本書がイベント・ヒストリー分析を学びたい読者の一助となれば幸いである。

福田　亘孝

索　引

〈訳者紹介〉

福田亘孝（ふくだ のぶたか）

1997 年　オックスフォード大学大学院博士課程修了
現　在　東北大学大学院教育学研究科 教授
　　　　博士（社会学）
専　門　社会学・人口学
主　著　"*Marriage and Fertility Behaviour in Japan*"（Springer, 2016）
　　　　『少子化時代の家族変容』（東京大学出版会，2011）
　　　　『少子高齢時代の女性と家族』（慶應義塾大学出版，2018）など

計量分析 One Point

イベント・ヒストリー分析

（原題：*Event History and Survival Analysis: Second Edition*）

2021 年 10 月 30 日　初版 1 刷発行
2024 年 4 月 25 日　初版 2 刷発行

検印廃止
NDC 417

ISBN 978-4-320-11411-1

著　者　Paul D. Allison
　　　　（アリソン）

訳　者　福田亘孝　ⓒ 2021

発行者　南條光章

発行所　**共立出版株式会社**
〒 112-0006
東京都文京区小日向 4-6-19
電話番号　03-3947-2511（代表）
振替口座　00110-2-57035
www.kyoritsu-pub.co.jp

印　刷　大日本法令印刷
製　本　加藤製本

一般社団法人
自然科学書協会
会員

Printed in Japan